艺术设计
ARTDESIGN

国家示范性高等职业院校艺术设计专业精品教材

高职高专艺术学门类『十三五』规划教材

包装设计（第二版）

BAOZHUANG SHEJI

主编 王茜

副主编 王永 牛晓鹏 谷莉

参编 汤晓晨 刘金刚 汲晓辉 刘利志 赵婷

姚洁 万晓梅 郭文婕 何阳 李晓娟

U0302759

华中科技大学出版社
http://www.hustp.com
中国·武汉

内 容 简 介

　　本书以"项目课程教学"为主要编写方向，理论讲解清晰，并强化了项目课程的实训环节。通过三个大项目的实训，将知识点有序地联系在一起。其中各个项目由小的任务组成，每个任务都附有相应的任务概述、能力目标、知识目标、素质目标和知识导向；每个课程设计都附有相应的训练目的、工作要求、知识链接、考核方案及案例分析。

　　本书具有理论与实训结合、技能与应用对接的鲜明特点。本书配有相应的电子课件和与教材对应的图库，便于教师授课、学生学习。

图书在版编目(CIP)数据

包装设计/ 王茜主编.—2 版.—武汉：华中科技大学出版社，2017. 9（2024.8重印）
高职高专艺术学门类"十三五"规划教材
ISBN 978−7−5680−3356−5

Ⅰ.①包… Ⅱ.①王… Ⅲ.①包装设计-高等职业教育-教材 Ⅳ.①TB482

中国版本图书馆 CIP 数据核字(2017)第 215600 号

包装设计(第二版)
Baozhuang Sheji(Di−er Ban)

王　茜　主编

策划编辑：彭中军
责任编辑：彭中军
封面设计：孢　子
责任校对：汪辰西
责任监印：朱　玢

出版发行：华中科技大学出版社　（中国·武汉）　　　电话：(027) 81321913
　　　　　武汉市东湖新技术开发区华工科技园　　　　邮编：430223
录　　排：武汉正风天下文化发展有限公司
印　　刷：广东虎彩云印刷有限公司
开　　本：880 mm × 1230 mm　　1 / 16
印　　张：6
字　　数：189 千字
版　　次：2024 年 8 月第 2 版第 3 次印刷
定　　价：39. 00 元

国家示范性高等职业院校艺术设计专业精品教材
高职高专艺术学门类"十三五"规划教材
基于高职高专艺术设计传媒大类课程教学与教材开发的研究成果实践教材

编审委员会名单

■ 顾　问　（排名不分先后）

王国川　教育部高职高专教指委协联办主任

陈文龙　教育部高等学校高职高专艺术设计类专业教学指导委员会副主任委员

彭　亮　教育部高等学校高职高专艺术设计类专业教学指导委员会副主任委员

夏万爽　教育部高等学校高职高专艺术设计类专业教学指导委员会委员

江绍雄　教育部高等学校高职高专艺术设计类专业教学指导委员会委员

陈　希　全国行业职业教育教学指导委员会民族技艺职业教育教学指导委员会委员

陈　新　全国行业职业教育教学指导委员会民族技艺职业教育教学指导委员会委员

■ 总　序

姜大源　教育部职业技术教育中心研究所学术委员会秘书长

　　　　《中国职业技术教育》杂志主编

　　　　中国职业技术教育学会理事、教学工作委员会副主任、职教课程理论与开发研究会主任

■ 编审委员会　（排名不分先后）

万良保	吴　帆	黄立元	陈艳麒	许兴国	肖新华	杨志红	李胜林	裴　兵	张　程	吴　琰
葛玉珍	任雪玲	黄　达	殷　辛	廖运升	王　茜	廖婉华	张容容	张震甫	薛保华	余戡平
陈锦忠	张晓红	马金萍	乔艺峰	丁春娟	蒋尚文	龙　英	吴玉红	岳金莲	瞿思思	肖楚才
刘小艳	郝灵生	郑伟方	李翠玉	覃京燕	朱圳基	石晓岚	赵　璐	洪易娜	李　华	杨艳芳
李　璇	郑蓉蓉	梁　茜	邱　萌	李茂虎	潘春利	张歆旎	黄　亮	翁蕾蕾	刘雪花	朱岱力
熊　莎	欧阳丹	钱丹丹	高倬君	姜金泽	徐　斌	王兆熊	鲁　娟	余思慧	袁丽萍	盛国森
林　蛟	黄兵桥	肖友民	曾易平	白光泽	郭新宇	刘素平	李　征	许　磊	万晓梅	侯利阳
王　宏	秦红兰	胡　信	王唯茵	唐晓辉	刘媛媛	马丽芳	张远珑	李松励	金秋月	冯越峰
李琳琳	董　雪	王双科	潘　静	张成子	张丹丹	李　琰	胡成明	黄海宏	郑灵燕	杨　平
陈杨飞	王汝恒	李锦林	矫荣波	邓学峰	吴天中	邵爱民	王　慧	余　辉	杜　伟	王　佳
税明丽	陈　超	吴金柱	陈崇刚	杨　超	李　楠	陈春花	罗时武	武建林	刘　晔	陈旭彤
乔　璐	管学理	权凌枫	张　勇	冷先平	任康丽	严昶新	孙晓明	戚　彬	许增健	余学伟
陈绪春	姚　鹏	王翠萍	李　琳	刘　君	孙建军	孟祥云	徐　勤	李　兰	桂元龙	江敬艳
刘兴邦	陈峥强	朱　琴	王海燕	熊　勇	孙秀春	姚志奇	袁　铀	杨淑珍	李迎丹	黄　彦
谢　岚	肖机灵	韩云霞	刘　卷	刘　洪	董　萍	赵家富	常丽群	刘永福	姜淑媛	郑　楠
张春燕	史树秋	陈　杰	牛晓鹏	谷　莉	刘金刚	汲晓辉	刘利志	高　昕	刘　璞	杨晓飞
高　卿	陈志勤	江广城	钱明学	于　娜	杨清虎	徐　琳	彭华容	何雄飞	刘　娜	于兴财
胡　勇	江　帆	颜文明								

国家示范性高等职业院校艺术设计专业精品教材
高职高专艺术学门类"十三五"规划教材
基于高职高专艺术设计传媒大类课程教学与教材开发的研究成果实践教材

组编院校(排名不分先后)

广州番禺职业技术学院	湖南大众传媒职业技术学院	天津轻工职业技术学院
深圳职业技术学院	黄冈职业技术学院	重庆城市管理职业学院
天津职业大学	无锡商业职业技术学院	顺德职业技术学院
广西机电职业技术学院	南宁职业技术学院	武汉职业技术学院
常州轻工职业技术学院	广西建设职业技术学院	黑龙江建筑职业技术学院
邢台职业技术学院	江汉艺术职业学院	乌鲁木齐职业大学
长江职业学院	淄博职业学院	黑龙江省艺术设计协会
上海工艺美术职业学院	温州职业技术学院	冀中职业学院
山东科技职业学院	邯郸职业技术学院	湖南中医药大学
随州职业技术学院	湖南女子学院	广西大学农学院
大连艺术职业学院	广东文艺职业学院	山东理工大学
潍坊职业学院	宁波职业技术学院	湖北工业大学
广州城市职业学院	潮汕职业技术学院	重庆三峡学院美术学院
武汉商学院	四川建筑职业技术学院	湖北经济学院
甘肃林业职业技术学院	海口经济学院	内蒙古农业大学
湖南科技职业学院	威海职业学院	重庆工商大学设计艺术学院
鄂州职业大学	襄阳职业技术学院	石家庄学院
武汉交通职业学院	武汉工业职业技术学院	河北科技大学理工学院
石家庄东方美术职业学院	南通纺织职业技术学院	江南大学
漳州职业技术学院	四川国际标榜职业学院	北京科技大学
广东岭南职业技术学院	陕西服装艺术职业学院	湖北文理学院
石家庄科技工程职业学院	湖北生态工程职业技术学院	南阳理工学院
湖北生物科技职业学院	重庆工商职业学院	广西职业技术学院
重庆航天职业技术学院	重庆工贸职业技术学院	三峡电力职业学院
江苏信息职业技术学院	宁夏职业技术学院	唐山学院
湖南工业职业技术学院	无锡工艺职业技术学院	苏州经贸职业技术学院
无锡南洋职业技术学院	云南经济管理职业学院	唐山工业职业技术学院
武汉软件工程职业学院	内蒙古商贸职业学院	广东纺织职业技术学院
湖南民族职业学院	十堰职业技术学院	昆明冶金高等专科学校
湖南环境生物职业技术学院	青岛职业技术学院	江西财经大学
长春职业技术学院	湖北交通职业技术学院	天津财经大学珠江学院
石家庄职业技术学院	绵阳职业技术学院	广东科技贸易职业学院
河北工业职业技术学院	湖北职业技术学院	武汉科技大学城市学院
广东建设职业技术学院	浙江同济科技职业学院	广东轻工职业技术学院
辽宁经济职业技术学院	沈阳市于洪区职业教育中心	辽宁装备制造职业技术学院
武昌理工学院	安徽现代信息工程职业学院	湖北城市建设职业技术学院
武汉城市职业学院	武汉民政职业学院	黑龙江林业职业技术学院
武汉船舶职业技术学院	湖北轻工职业技术学院	四川天一学院
四川长江职业学院	四川传媒学院	

　　世界职业教育发展的经验和我国职业教育发展的历程都表明，职业教育是提高国家核心竞争力的要素。职业教育的这一重要作用，主要体现在两个方面。其一，职业教育承载着满足社会需求的重任，是培养为社会直接创造价值的高素质劳动者和专门人才的教育。职业教育既是经济发展的需要，又是促进就业的需要。其二，职业教育还承载着满足个性发展需求的重任，是促进青少年成才的教育。因此，职业教育既是保证教育公平的需要，又是教育协调发展的需要。

　　这意味着，职业教育不仅有自己的特定目标——满足社会经济发展的人才需求，以及与之相关的就业需求，而且有自己的特殊规律——促进不同智力群体的个性发展，以及与之相关的智力开发。

　　长期以来，由于我们对职业教育作为一种类型教育的规律缺乏深刻的认识，加之学校职业教育又占据绝对主体地位，因此职业教育与经济、与企业联系不紧，导致职业教育的办学未能冲破"供给驱动"的束缚；由于与职业实践结合不紧密，职业教育的教学也未能跳出学科体系的框架，所培养的职业人才，其职业技能的"专"、"深"不够，工作能力不强，与行业、企业的实际需求及我国经济发展的需要相距甚远。实际上，这也不利于个人通过职业这个载体实现自身所应有的职业生涯的发展。

　　因此，要遵循职业教育的规律，强调校企合作、工学结合，在"做中学"，在"学中做"，就必须进行教学改革。职业教育教学应遵循"行动导向"的教学原则，强调"为了行动而学习"、"通过行动来学习"和"行动就是学习"的教育理念，让学生在由实践情境构成的、以过程逻辑为中心的行动体系中获取过程性知识，去解决"怎么做"(经验)和"怎么做更好"(策略)的问题，而不是在由专业学科构成的、以架构逻辑为中心的学科体系中去追求陈述性知识，只解决"是什么"(事实、概念等)和"为什么"(原理、规律等)的问题。由此，作为教学改革核心的课程，就成为职业教育教学改革成功与否的关键。

　　当前，在学习和借鉴国内外职业教育课程改革成功经验的基础上，工作过程导向的课程开发思想已逐渐为职业教育战线所认同。所谓工作过程，是"在企业里为完成一件工作任务并获得工作成果而进行的一个完整的工作程序"，是一个综合的、时刻处于运动状态但结构相对固定的系统。与之相关的工作过程知识，是情境化的职业经验知识与普适化的系统科学知识的交集，它"不是关于单个事务和重复性质工作的知识，而是在企业内部关系中将不同的子工作予以连接的知识"。以工作过程逻辑展开的课程开发，其内容编排以典型职业工作任务及实际的职业工作过程为参照系，按照完整行动所特有的"资讯、决策、计划、实施、检查、评价"结构，实现学科体系的解构与行动体系的重构，实现于变化的、具体的工作过程之中获取不变的思维过程和完整的工作训练，实现实体性技术、规范性技术通过过程性技术的物化。

近年来，教育部在高等职业教育领域组织了我国职业教育史上最大的职业教育师资培训项目——中德职教师资培训项目和国家级骨干师资培训项目。这些骨干教师通过学习、了解，接受先进的教学理念和教学模式，结合中国的国情，开发了更适合中国国情、更具有中国特色的职业教育课程模式。

华中科技大学出版社结合我国正在探索的职业教育课程改革，邀请我国职业教育领域的专家、企业技术专家和企业人力资源专家，特别是国家示范校、接受过中德职教师资培训或国家级骨干教师培训的高职院校的骨干教师，为支持、推动这一课程开发应用于教学实践，进行了有意义的探索——相关教材的编写。

华中科技大学出版社的这一探索，有两个特点。

第一，课程设置针对专业所对应的职业领域，邀请相关企业的技术骨干、人力资源管理者及行业著名专家和院校骨干教师，通过访谈、问卷和研讨，提出职业工作岗位对技能型人才在技能、知识和素质方面的要求，结合目前中国高职教育的现状，共同分析、讨论课程设置存在的问题，通过科学合理的调整、增删，确定课程门类及其教学内容。

第二，教学模式针对高职教育对象的特点，积极探讨提高教学质量的有效途径，根据工作过程导向课程开发的实践，引入能够激发学习兴趣、贴近职业实践的工作任务，将项目教学作为提高教学质量、培养学生能力的主要教学方法，把适度够用的理论知识按照工作过程来梳理、编排，以促进符合职业教育规律的、新的教学模式的建立。

在此基础上，华中科技大学出版社组织出版了这套规划教材。我始终欣喜地关注着这套教材的规划、组织和编写。华中科技大学出版社敢于探索、积极创新的精神，应该大力提倡。我很乐意将这套教材介绍给读者，衷心希望这套教材能在相关课程的教学中发挥积极作用，并得到读者的青睐。我也相信，这套教材在使用的过程中，通过教学实践的检验和实际问题的解决，能够不断得到改进、完善和提高。我希望，华中科技大学出版社能继续发扬探索、研究的作风，在建立具有中国特色的高等职业教育的课程体系的改革之中，做出更大的贡献。

是为序。

教育部职业技术教育中心研究所

学术委员会秘书长

《中国职业技术教育》杂志主编

中国职业技术教育学会理事、

教学工作委员会副主任、

职教课程理论与开发研究会主任

姜大源 研究员 教授

2017 年 9 月 9 日

前言

QIANYAN

包装引导消费……

包装设计使得品牌具有独特的吸引力。它被称为"无言的推销员"，是品牌视觉形象设计的一个重要部分。包装是商品整体中不可缺少的一部分，包装能够直接宣传商品、宣传品牌，同时会影响消费者的购买。

我们在每天的生活中都会接触到不少的包装，包装与我们存在着密切的关系。随着消费者追求的不断提高，包装不仅在销售中的地位和作用越来越令人瞩目，而且可以看做是企业的一个对外宣传的形象。一个好的包装，不仅可以提升品牌价值，而且可以提升企业形象。正因为如此，包装企业也越来越多，分工也越来越细，对包装设计的要求也越来越高。

在艺术设计专业的课程体系中，包装设计、广告设计、书籍装帧设计构成了艺术设计专业（平面设计方向）的三大主干必修课程。它们是以实践为主、理论与实践紧密结合的课程体系，着重培养学生的思维能力和创造能力。在实践训练中，它们之间有着密切的联系。

项目课程改革在全国迅速推广的今天，我们也积极响应，根据课程的特点，以"项目课程教学"为主要编写方向。本书理论讲解清晰，强化项目课程的实训环节，通过三个大项目的实训，将全书的知识点有序地联系在一起。其中各个项目由小的任务组成，每个任务都附有相应的任务概述、能力目标、知识目标、素质目标和知识导向。每个课程设计都附有相应的训练目的、工作要求、知识链接、考核方案及案例分析，具有理论与实训结合、技能与应用对接的鲜明特点。本书配有相应的电子课件和与教材对应的图库，便于教师授课、学生学习。

本书在编写过程中，吸收和借鉴了国内外教材的一些成果，参考了有关文献资料，在此对有关作者表示诚挚的谢意，向对本书出版给予帮助的朋友表示感谢。项目一由王永、牛晓鹏、汲晓辉、刘金刚、赵婷、姚洁老师编写，项目二由谷莉、汤晓晨、刘利志、万晓梅、郭文婕老师编写，项目三由王茜、何阳、李晓娟老师编写。由于编者水平有限，时间仓促，书中不足之处在所难免，望读者批评指正。

编　者

2017 年 9 月

目录 MULU

项目一
包装设计基础 ....

BAOZHUANG
SHE JI（DI-ER BAN）◀ ◀ ◀ ◀

任务一

包装设计的基本理论 ‹‹‹

▌ 任务概述 ▌

本部分主要对包装容器的基本知识进行讲解，阐明包装设计的基本概念、包装的分类和表现方式及其特点，以及包装设计的基本原则。

▌ 能力目标 ▌

使学生能够掌握包装设计的基本概念，并且能够阐述其设计原则与设计定位。

▌ 知识目标 ▌

使学生掌握包装概念和包装的不同分类，掌握包装设计基本原则和设计规律。

▌ 素质目标 ▌

使学生具备良好的自我学习能力、语言表达能力和设计分析能力。

▌ 知识导向 ▌

本部分重点为包装设计的基本概念、包装设计的表现原则、包装设计的定位、包装的分类和课程设计等。

一、包装设计的基本概念　　　　　　　　　　ONE

包装是人类社会发展的必然产物。包装在我国经历了由原始到文明、由简易到繁荣的发展过程。包装有包裹、包扎、安装、填放、装饰之意，它在流通中具有保护产品、方便运输、促进销售的功能。包装设计是立体的、多元化的，是多门学科融会贯通的一门综合课程。从发展的角度看，包装设计涵盖了材料学、印刷工艺、视觉传达设计等多个学科。产品包装的优劣直接影响消费者的购买欲，所以说包装是一门综合性学科。它是品牌理念、产品特性、消费心理的一种综合反映。

二、包装设计的表现原则　　　　　　　　　　TWO

1. 保护性原则

包装设计从保护商品的角度来看首先应该遵循保护性原则，现代社会中的商品从生产到销售，最终以完好的状态被送到消费者的手中，要经受无数次的搬运、储存、撞击等过程。在此过程中要采取避光、防潮、防漏等保护措施。以此看来，保护性原则是商品包装设计的首要原则。

2. 便利性原则

商品的重量、形状、大小规格是各不相同的，为了方便运输和消费者使用，在包装设计环节上要考虑便利性，以方便经销者保管、识别、分发、收货等，帮助消费者增强购买商品的决心。

包装设计作为"无声的推销员"，成为商品和消费者之间的"桥梁"。包装设计从视觉表现角度分析，有三个设计特点：视觉元素简洁、个性突出、科学性与审美性结合。在包装设计上使用的图形和文字等信息必须准确，视觉元素清晰简洁，使消费者在最短的时间内获得最多的商品信息，迅速抓住商品的主要特征。这符合时代的审美特征和消费心理需求。

三、包装设计的定位　　　　　　　　　　　　　　　　THREE

定位指的是某品牌的商品在消费者心目中的一个特定位置。包装的定位则是要求把准确的商品信息传递给消费者，给消费者一种与众不同的、独特的商品印象。

设计定位的三个基本要素是品牌、产品、消费者，这三个基本要素在包装设计中都必须体现出来。每一个基本要素都包含着大量、丰富的信息内容，设计定位要明确主次关系、确立设计主题与重点，一般会从以下几点展开分析。

1. 品牌定位

品牌定位也就是商标和品名的定位，让消费者知道"我是谁"，商标一经注册即受国家法律保护。一般情况下一个厂家不管有多少种产品，都会通用一个商标，这样可以使消费者在购物时避免产生视觉识别上的混乱。名牌产品"海飞丝"洗发水，以不同的瓶型设计区分不同档次、不同功能、不同销售对象。同一商品都通用一个牌名，只是对其包装设计略加改变，让不同消费层次的消费者便于识别。简言之，在当今普遍存在信任名牌、崇尚名牌、追求特色的消费环境下，用品牌定位进行包装设计构思，具有十分重要的意义。这种使用统一商标的办法有利于树立品牌形象，加深消费者的识别与记忆，进而形成条件反射式的购买习惯。

2. 商品定位

1）产品定位

产品定位是为了突出产品的形象，以及商品的功能、产地、类别、特点、用途、档次等。产品定位通常采取直观地再现产品形象的表现手法，可用摄影、手绘等方法，采用开窗和透明容器来盛装产品，让消费者对产品的形象一目了然。

2）功能定位

任何商品包装都有其特有的功能。首先要求包装的材质、造型结构合理，易于运输、保存、放置、观赏等，并通过特定的形象、色彩、文字来加以表现，便于消费者辨认和携带。

3）产地定位

对于土特产品的包装设计，突出产地定位尤为重要，在设计中应致力于渲染地域的优势，同时产地所具有的特色地域文化等特征也可以用来设计定位，但是这样的产品必须是大家熟悉的且带有浓郁民族特色风味的产品。这应从民族的传统包装材料、图案装饰中寻找素材，表达出与别的产品截然不同的特点，以奇制胜。

4）类别定位

不同的产品具有不同的产品属性，如酒类、饮料类、化妆品类等产品，在设计时应对同类或类似的产品进行市场调查，找出产品之间的共性与特殊性，从而找到产品包装设计的切入点。在进行设计时应注意避免盲目抄袭和过于出格的极端倾向。即便是同类产品也存在不同，设计时应注意它们之间的差异，让消费者获取准确的信息，找到最适合自己的产品。

5）用途定位

产品用途是包装设计不可缺少的一个要素，在包装上必须准确地说明该产品的使用方法、使用程序、产品功效等。这是每一个消费者都关心的问题，如果标志不明确会导致消费者使用不当，从而产生不良后果，特别是药品和食品类的包装更应标志清楚。可以通过文字说明和指示性较强的图案标志来引导消费者，禁止夸大和欺诈行为。

6）档次定位

包装设计如果不考虑包装的档次规格就等于无的放矢。档次定位要求产品和包装设计表里如一，档次定位要求产品和包装的价值比重不能失调，要让消费者看到外包装就能判定该产品的档次和价格，否则会形成误导，损坏声誉。产品价值是衡量包装设计档次的尺度，通常包装的价值不应超过产品价值的15%，不同类别的产品在这个比例数的划分上有所不同。

3. 销售对象定位

销售对象定位主要考虑商品"卖给谁"的问题。这是包装设计中不可忽视的一个重要问题，要让消费者通过包装就能感受到该产品是否适合自己，按不同的区分标准，消费群可分为不同的类别。比如从性别上分，可以分为男人、女人；从年龄上分，可以分为老人、年轻人、儿童等；从职业上分，可以分为干部、知识分子、工人、农民、军人、教师、学生、商人、艺术家、运动员等；从经济状况上分，可以分为高档消费层、中等消费层、低档消费层。在进行包装设计时虽然不必面面俱到，但是必须突出商品主题，彰显商品个性。通过消费心理学的调查研究，掌握消费者购买行为的心理需求，可以反映出设计的时代性和民族性。

包装设计的定位思想是一种具有战略眼光的设计指导思想，没有定位就没有目的性、针对性，也就失去了目标受众，商品就很难快速销售出去，这也就失去了包装设计的新时代意义。唯有遵循设计规律，才能做出适合时代发展需要的设计。

四、包装的分类　　　　　　　　　　　　　　　　　FOUR

商品种类繁多，形态各异、五花八门，其功能作用、外观形态也各不相同。一般对包装进行如下分类。

1. 按形式分类

1）个包装

个包装又称内包装或小包装。它是与产品最密切接触的包装，是产品走向市场的第一道保护。个包装一般都陈列在商场或超市的货架上，最终连产品一起卖给消费者。因此在设计时，更要体现商品的个性，以吸引消费者。

2）中包装

中包装主要是为了加强对商品的保护和便于计数而对商品进行组装或套装。这种包装形式既保护商品又要兼顾视觉的展示效果，使商品便于携带和开启。比如一箱饮料是32瓶，一提是10瓶等。

3）大包装

大包装又称外包装、运输包装。因为它的主要作用也是增加商品在运输中的安全性，且便于装卸与计数。大包装的设计，相对个包装也较简单。一般在设计时，包装上面主要标明产品的型号、规格、尺寸、颜色、数量、出厂日期等。

2. 按材料分类

对不同的商品，考虑它的运输过程与展示效果等，所以使用材料也不尽相同，如木包装、纸包装、金属包装、玻璃包装、陶瓷包装、塑料包装、棉麻包装、布包装等。

3. 按包装的结构分类

按包装的结构分类，包装可分为包装箱、包装桶、包装袋、包装包、包装筐、包装捆、包装坛、包装罐、包装缸、包装瓶等。

五、课程设计　　　　　　　　　　　　　　　　　　　FIVE

课题：针对不同属性的商品包装进行设计分析。

（1）训练目的：通过实践训练，锻炼学生的动手能力，使其手脑并用，使理论知识在实践中得到消化和利用。

（2）工作要求：图片制作分辨率 300 pdi 以上，CMYK 模式，表现手法不限。

（3）知识链接：包装容器造型工艺制图原理、容器造型的处理方法、容器造型的步骤。

（4）考核方案：以个人为单位来进行设计，满分 100 分。其中容器造型设计占 50%，容器处理方式方法的合理性占 20%，学生实践积极性占 15%，教师评价占 15%。

（5）案例分析如下。

礼品盒包装设计如图 1–1 所示。

这款礼品盒是日本设计公司 MADY 设计制作的手绢、领带等礼品包装盒设计，盒为六角形柱体，盒上印有"把我的心意送给你"的手写英文句子，使礼品盒具有传递心灵信息的功能。

咖啡罐包装设计如图 1–2 所示。

这款咖啡罐包装设计象征着产地原装的正宗风味，具有密封性的盖子和附带的小勺，可亲身体验冲泡咖啡的乐趣。从标准咖啡开始，到速溶咖啡、冰咖啡、咖啡豆、咖啡饮料等系列产品的开发，使该产品在短时间内树立起整体的品牌形象。

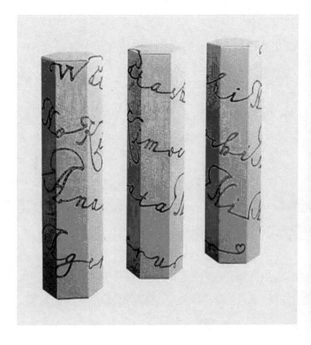

图 1–1　礼品盒包装设计

图 1–2　咖啡罐包装设计

新型包装设计如图 1-3 所示。

这是来自日本的包装，依赖于现今材料科技的发展，采用纯天然的原料，经过再加工，成为便于保存的新型包装材料。

图 1-3　新型包装设计

镂空式包装设计如图 1-4 所示。

盒型采用镂空式的设计，使产品形象与消费者直接接触，体现产品的真实性。

图 1-4　镂空式包装设计

"依云"天然矿泉水包装设计如图 1-5 所示。

"依云"天然矿泉水被认为是世界顶级品牌的饮用水。这款 750 mL 的宫廷包装瓶是经过专门设计的,旨在为人们带来完美的就餐体验,为这款高档的饮用水提供一个无与伦比的载体。这款瓶子外表圆滑,具有浓厚的现代气息,外形高挑修长,创造一种稳健和优美的外观。

图 1-5 "依云"天然矿泉水包装设计

包装系列化类型的设计如图 1-6 所示。

这是一款包装系列化类型的设计,对同样的商品可以按重量的多少、体积的大小进行包装系列化的设计。

图 1-6 包装系列化类型的设计

雅诗兰黛限量情人节香氛礼盒的包装设计如图 1-7 所示。

这是雅诗兰黛限量情人节香氛礼盒的包装设计，以最直接象征热情的鲜红色作为主色，直接透露出浓浓的爱意与倾慕。心形的图腾设计，娇俏中不失节庆的欢愉。精心设计的礼盒，可以放入两个人的甜蜜合影。

图 1-7　雅诗兰黛限量情人节香氛礼盒的包装设计

啤酒的包装设计如图 1-8 所示。

啤酒的包装，一直以"新鲜、清爽、活力"的时尚形象出现在消费者面前，不管是瓶装还是罐装，在众多品牌啤酒包装中形成了特有的风格。每次新品的上市或产品的更新换代推出的包装，除了产品本身外，它的包装也是吸引消费者的一道风景线。

图 1-8　啤酒的包装设计

钻石首饰包装设计如图 1–9 所示。

这是一款钻石首饰包装设计，包装盒设计成钻石型，体现出礼品的高档。

巧克力的盒型包装设计如图 1–10 所示。

这是一款巧克力的盒型包装设计。这一系列产品依照 10 种不同口味来设计包装，有展翅欲飞的蝴蝶、镂空的字母和金色的图形，在黑色中透露着点点娇俏，诠释着这个品牌。

图 1-9　钻石首饰包装设计

图 1-10　巧克力的盒型包装设计

半透明造型展示的包装设计如图 1–11 所示。

这是日本著名造纸厂商"竹尾"的半透明造型展示的包装设计，体现半透明纸素材所具有的轻盈、均衡和半透明感。

图 1-11　半透明造型展示的包装设计

任务二

包装设计的视觉传达元素 ◀◀◀

■ **任务概述** ▎

本部分主要对包装视觉表现的知识进行讲解，阐明包装装潢设计的基本概念、包装视觉元素的分类及特点和包装视觉表现形式。

■ **能力目标** ▎

使学生能够独立进行包装视觉效果设计表现。

■ **知识目标** ▎

使学生掌握包装设计的视觉元素特点，掌握视觉表现的艺术规律。

■ **素质目标** ▎

使学生具备良好的自学能力、语言表达能力和写作能力。

■ **知识导向** ▎

本部分重点为图形、色彩、文字、构成、商标等包装设计的视觉传达元素和具体的课程设计。

一、图形 ONE

1. 图形的分类

1）产品形象

产品形象是品牌传播和品牌识别中的一部分。应确定一个产品形象的主力图形、确定主力色彩、确定构成元素及主题思想，以主题元素为核心，在变与不变的策略指导下，结合产品元素、竞争元素及消费者元素，形成产品形象的整体统一、易于识别的品牌形象。

2）人物形象

在众多形象中，人物的形象给人留下的印象最为深刻，使用人物形象的包装产品大大增加了亲和力和信任感。所以许多的商品包装会选择用人物形象来作为包装的展示主形象。

3）说明形象

在包装设计中使用的原材料形象、产地信息形象、商品成品形象、使用示意形象等都属于说明形象。例如，多数加工后的商品从外观上是看不出原材料的，而在商品的制作过程中又确实使用了与众不同的或有特色的原材料，为了使其成为卖点，往往会在包装上展现这种原材料的原有形象，以突出商品的个性形象，有助于消费者对产品特色有更好的了解。还有一些具有地方特色的商品，为了强调产品的品质和特色，会在包装上展现当地的风土人情或地方色彩等视觉形象。另外，在包装上展示商品的使用方法和程序，来帮助消费者更好地使用产品，这些都属于说明形象的使用。

4) 装饰形象

装饰形象是指使用与商品内容无关的形象，借用比喻、借喻、象征等表现手法，突出商品的性质和功效，增强产品包装的趣味性。还有一些地域性、民族性较强的商品，会在包装上使用有文化特色的传统图案、纹样、色彩等突出商品的特点，与现代包装工艺相结合体现时尚性。

2. 图形的形式

1) 具象图形

具象图形在包装设计中一般采用摄影、绘画、计算机合成等方法予以表现。它更能直观、准确地传达商品信息，特别是在包装上展现商品在使用过程中的情景，突出了商品的特征和形象，从而诱发消费者的购买欲望。

2) 抽象图形

由于抽象图形表现手法自由且形式多样，效果丰富且装饰性和时代性极强，抽象图形常常会运用在时尚感强的商品包装设计上。它大致由三种表现形式组成：一是运用点、线、面构成各种几何形态；二是利用偶然纹样，如纸皱纹样、水化油彩纹样、冰裂纹样、水彩渲染效果等，形成不同的图案；三是采用计算机绘制各种平面的或立体的特异几何纹样，表达一些无法用具象图形表现的现代概念，如电波和声波的传播，能量的转换等。

3) 意向图形

意象图形是指从人的主观意识出发，利用客观物象为素材，以写意、寓意的形式构成的图形。意象图形有形无像，讲究意境，不受客观自然物象形态和色彩的局限，采用夸张、变形、比喻、象征等方法，给人以赏心悦目的感受。

3. 图形的设计原则

1) 信息传达的准确性

包装上的图形必须真实准确地传达商品的信息。准确性并不是简单地描绘对象，而是有着更高的要求，只有抓住商品的典型特征，才能准确地传达商品的信息。准确性对于商品来说就是"表里如一"。商品的特征、品牌形象、信息等通过视觉语言能够清晰地在商品中体现出来。如诚信烤肉食品使人感觉商品的质量已经通过包装上的图形非常直观地体现出来，这样就促使消费者放心、大胆地去购买其产品，进而增强了在同类产品中的竞争力。

2) 鲜明而独特的视觉感受

如今的商业竞争已经进入个性化时代，企业形象要追求个性，商品宣传要标新立异，消费者也一样向着追求个性化的消费观念发展，尤其是年轻的一代，个性化的消费观是他们性格特征的一部分。在商业竞争中，谁的包装设计具有崭新独特的视角和表现，谁就能在吸引消费者方面取得先机。平淡无奇的包装图形设计，必将被淹没在商品的海洋中。因此对于设计者而言，掌握更多的图形表现方法、更独特的创造性思维方法和表现角度，以及具有时代感和前瞻性的观念，是使图形语言在包装设计中具有个性，从而取得成功的关键。

3) 主题简洁明确

在设计中要针对商品主要销售对象的各方面特点和对图形语言的理解来选择表现手段。由于包装本身尺寸的限制，过于复杂的图形将影响主题的定位，所以采取"以一当十，以少胜多"的方法，可以更加有效地达到准确地传达视觉信息的目的。

4) 注意图形的局限性与适应性

使用图形在传达一定的信息时，既要对不同的国家、地区、民族的不同风俗、习惯等加以注意，又要注意适应于不同性别、年龄等消费群体。比如：可爱、活泼的图形比较适用于儿童类产品；稳重、含蓄的图形比较适用于老年人产品；日本人忌讳荷花图案，意大利人忌用兰花图案，法国禁用核桃图案等。由于这些特殊的民俗习惯，在设计时不可随心所欲，应避其所忌，并遵守相关国家和地区的有关规定，否则会使商品销售遇到麻烦，带来不必要的损失。

二、色彩 TWO

1. 色彩的基本功能

包装色彩的功能主要体现在两个方面：色彩的识别功能和色彩的促销功能。

1）色彩的识别功能

在人类发展史中，色彩的存在孕育着人类的审美文化。色彩对人的生理和心理都产生极大的影响，特别是用三棱镜分解了太阳光之后，更为人类研究色彩理论提供了有力的理论支持。人类对色彩的辨别能力是非常强的，能够识别出上百万种的色彩。包装设计利用色彩的完美表现力，加上设计师能准确地运用技巧和丰富的色彩理论知识，把握住商品的定位及特点，最终设计出该商品所特有的色彩形象，使商品在同类商品中脱颖而出。

2）色彩的促销功能

商品包装色彩运用到位会格外引人注目。色彩是直接作用于人的视觉神经的元素，当人们面对众多的商品时，能瞬间留给消费者视觉印象的商品，其包装一定具有鲜明的个性色彩。优良的商品包装色彩不仅能美化商品，抓住消费者的视线，使人们在购买商品过程中有良好的审美享受，而且起到了对商品的宣传作用，让人在不经意中注意到它的品牌（见图2-1）。因此，企业在进行商品的包装设计时，应该意识到色彩的重要性。作为设计师，要尽量设计出符合商品属性的色彩，这样才能够快速吸引消费者的目光，增强企业商品在销售中的竞争力。

图2-1　Megan Stone 包装设计作品

2. 色彩的视觉心理

1）色彩的感情性

自然界中不同的现象会引起多种多样的色彩变化，使人们产生不同的色彩感情。人们在生活和工作中逐渐形成了对色彩的某些特定的含义、感受和心理反应。比如绿色往往象征着春天的希望，黄色往往象征着秋天的收获，这些简单的色彩象征不是凭空想象的，而是根据人们平时在生活中对自然作出的经验性的反应，久而久之，这些色彩被赋予特定的心理特征。

2）色彩的象征性

色彩是视觉形象中最重要的因素，它既能表达丰富的情感，又有很强的象征性，它影响着人的精神、情绪和行为。人们对色彩的反应，一方面具有生理基础，另一方面是心理上的原因，受文化和习俗的影响。

3. 色彩的应用

包装的色彩是影响视觉活跃的因素，可以通过以下的方法来确定色彩在包装上的应用。

1）确定总色调

包装色彩的总体感觉是华丽还是质朴，取决于包装色彩的总色调。总色调直接依据色相、明度、纯度等色彩基本属性来具体体现，如明调、灰调、冷调、暖调等。

2）面积因素

除色相、明度、纯度外，色彩面积大小是直接影响色调的重要因素。在色彩的搭配中，首先考虑大面积色的安排，大面积色彩在包装陈列中具有远距离的视觉效果。另外，在两色对比过强时，可以不改变色相、纯度、明度，而通过扩大或缩小其中某一色的面积来进行调和。

3）视认度

视认度也就是配色层次的清晰度。良好的视认度在包装、广告等视觉传达设计中具有非常重要的作用。视认度一方面看色彩本身的醒目程度，另一方面要看色彩之间的对比关系。

4）强调色

强调色是总色调中的重点用色，它是面积因素和视认度相结合考虑的用色。一般要求明度和纯度上高于周围的色彩，而在面积上却要小于周围的色彩，否则在整个画面中起不到强调作用。

5）对比色

对比色是指面积相近而以色相、明度加以对比的用色。这种用色具有强烈的视觉效果。

6）象征色

象征色是根据广大消费者的共同认识加以象征应用的一种观念性的用色。象征色主要用于产品的某种精神属性的表现或一定牌号意念的表现，比如中华香烟的包装就选用了象征吉祥、喜庆、华贵的色彩——红色。

7）标志色

这里讲的标志色不是商标的色彩，而是用色彩区别不同种类或同类产品的系列包装用色，例如以不同的色彩区别同一品牌的不同成分用品的包装用色。

三、文字　　　　　　　　　　　　　　　　　　　　　　　　　THREE

1. 包装文字的类型

1）牌号、品名文字

牌号、品名文字是包装中的重要文字，是传递商品信息最直接的因素，通常将它们安排在包装的主要展示面上。一般来说，牌号、品名的字体设计要符合产品商业性的内在特点，越新颖、越个性就越有感染力，单调乏味的字体设计往往因缺乏生动性而失去可视性。

2）资料、说明文字

资料、说明文字可以帮助消费者更进一步了解商品，增强对商品的信赖感及使用过程中的便利感。

3）广告文字

为加强促销的力度，有时包装会出现一些广告文字，它是宣传商品内容的推销性文字。文字的内容及字体的设计相对于其他文字类型更为灵活、多样，一般可根据需要选择富有变化的字体，比如综艺体、广告体、凌波体等，甚至可直接采用硬笔手写的形式，使之流露出自然、亲切之感，通常将广告文字放在主要展示面上。

2. 文字设计的要求

1）突出商品的特征

文字设计要从商品的物质特征和文字特征出发，在选择字体时，注意字体的性格与商品的特征相互吻合，达成一种默契，从而能够更生动、更典型地传达商品信息。如：医药包装可选择简洁、明快的字体；机电产品包装要采用刚健、硬朗的字体；化妆品包装则须用纤巧、精美的字体，以此强化宣传效果。

2）加强文字的感染力

在一些包装设计上为了突出产品的精神内涵，常使用一些书法手写体或一些字体的变体来增强产品的文化意味，在满足形式与内容统一要求的前提下，运用字体本身的变化和文字编排上的处理，使得消费者在看到商品包装时就会产生联想和共鸣，从而达到良好的销售效果。如图 2-2 所示，"百龙"两个字就具有手写体的效果，表现出古老、苍劲的艺术效果，配以牛皮纸质感的外包装和棕色色调，表达商品的历史感和品质感。

图 2-2　百龙茶叶系列包装设计

3）注重文字的识别性

在进行字体设计时，因为装饰美化的需要，往往要对文字运用不同的表现手法进行变化处理。这种变化装饰应在标准字体的基础上，根据具体需要对字体进行美化，但不可篡改文字的基本形态。此外，为提高包装信息的直观度，包装上的文字必须注意字体的大小，要保证在较短时间内能够使人识别。总之，包装上的文字必须易读、易认、易记，尤其是针对老年人和儿童的商品包装文字，更应该如此。

4）把握字体的协调性

为了丰富包装的画面效果，有时会使用好几种字体，因此，字体的搭配与协调就非常重要。包装中的字体运用不宜过多，否则会给人凌乱不整的感觉，在一般情况下，用三种以内的字体为好，每种字体的使用频率也要加以区别，以便重点突出。汉字与拉丁字母的配合，要找出两者字体之间的对应关系，以求得在同一画面中的统一感。当然，字体间的大小和位置同样不能忽视，既要有对比，又要有和谐。一切从整体出发，把握字体之间的协调性。

四、构成　　　　　　　　　　　　　　　　FOUR

构成是将色彩、图形、商标、文字等视觉传达要素，有机地组合在特定的空间里，目的是将具有独立表现力和形式规律的要素纳入整体的秩序当中，与包装的造型、结构，以及材料相协调，构成一个趋于完美、无懈可击的整体形象。

1. 构成的方法

构成要素的构成形式多样，变化无穷，构成的方法可归纳为以下几种。

1）垂直式

构成要素采用垂直的排列方式，使得商品形象更加修长优美。采用竖排方式的包装，主展示面相对狭窄，只能将主要的信息要素竖向排列，以取得良好的视觉传达效果（见图2-3）。

2）水平式

构成要素采用水平的排列方式，产生一种平稳的、延伸的效果（见图2-4）。

图2-3　垂直式包装构成设计

图2-4　水平式包装构成设计

3）倾斜式

倾斜式给人较强的动感、不稳定感，由左下角向右上角提升倾斜会给人以积极向上的动感。在包装中采用该方式，可以形成较强的视觉效果，给人留下深刻的印象（见图2-5）。

4）分割式

分割式是一种对画面空间、位置、形状进行明确限定的构成方式，可以使得画面有一定的秩序感，分割设计应该注意各部分之间、部分与整体之间的协调关系（见图2-6）。

图2-5　倾斜式包装构成设计

图2-6　分割式包装构成设计

5）均衡式

均衡是人类的基本心理和生理需求，艺术设计也在众多要素排列的过程中追求均衡感。在编排设计中要注意各要素之间、主要形象与次要形象之间的均衡关系，以此来取得视觉和心理上的稳定感（见图2-7）。

6）边框式

边框式可以将自由移动的造型纳入围框中，给人一种稳定感和归属感，使用边框视觉效果有典雅稳重之感。在使用时应该注意边框的风格与变化，以免造成雕版的效果（见图2-8）。

7）对称式

在要素编排设计中，强调一个中心点或中心线，采取相互对称的形式进行排列，在视觉上达到稳重、大方、高雅的视觉效果；为了避免过于对称而产生呆板的感觉，应注意运用文字和色彩的个性变化，以及局部的活跃变化来打破僵硬的格局。

8）对比式

对比是造型要素中重要的一种表现手法，决定着形象的强弱和画面的主次关系，有极强的表现力。在包装构成编排中可以通过要素的大小、质地、色彩、位置、动静等形成对比关系（见图2-9）。

2. 构成的原则

将包装的视觉要素合理而巧妙地编排组合，使之呈现新颖、理想的效果，就必须遵循一定的构成原则。

1）整体性原则

在要素的构成设计过程中，强调的是文字、色彩、图形、材料、肌理等之间的整体统一的关系。这种关系主要体现在对它们内部的编排构成的关系和秩序的处理上。就像一场完整的音乐会，不同的乐器在统一的指挥下演奏出优美和谐的乐章，所有复杂的音符被统一在一个整体环境之中，在这过程中不允许有任何一个破坏整体感的音符出现。所以包装中的表现要素在满足审美原则的前提下，要保持整体感。

2）协调性原则

协调的意义在于两种以上的要素在视觉中以和谐统一的面貌出现。因此，在采用了一定的对比手段后，要进行整体协调。对比过度就会出现不协调的画面，这时就要找出各个要素之间的一种共性关系，也就是在众多要素的排列的版面中找到一种协调性，以获得视觉上、心理上的均衡感。

3）生动性原则

包装作为商品的外在形象，在保持整体感和协调性的前提下，要突出视觉上的趣味性和生动性，以此来吸引消费者，取得成功的销售效果。保持包装的生动性，确立商品的性格特征，是现代包装设计发展趋势的主要特征之一。

图 2-7　均衡式包装构成设计

图 2-8　边框式包装构成设计

图 2-9　对比式包装构成设计

五、商标 FIVE

商标是商品包装装潢的一部分，使用于商品包装上，商标的作用是区别商品的不同生产者或经营者，在一定程度上也起到了美化商品的作用，给人以美的感受。

六、课程设计 SIX

课题：根据包装构成的方法，对现有的包装产品进行分析。

（1）训练目的：通过实践训练，锻炼学生的动手能力，使其手脑并用，使理论知识在实践中得到消化和利用。

（2）工作要求：图片制作分辨率 300 pdi 以上，CMYK 模式，表现手法不限。

（3）知识链接：包装视觉要素关系、表现方法。

（4）考核方案：以小组为单位来进行设计，满分 100 分。其中整体表现效果占 50%，细节处理占 20%，学生实践积极性占 15%，教师评价占 15%。

（5）案例分析如下。

如图 2-10 所示的包装的构成要素采用水平式和对称式相结合的构成表现手法，整个包装的主要展示面给人一种庄重、大方、稳定的视觉感受。

如图 2-11 所示的纯麦威士忌酒的包装，它的包装构成要素采用水平式的表现手法，加上色彩的搭配使用，体现鉴赏者的品位。

图 2-10　水平式和对称式相结合的表现手法的包装　　　　　图 2-11　纯麦威士忌酒的包装

如图 2-12 所示的画面中朴实的风格与纸料结合应用，传递产品的特性和环保的信息，包装采用了垂直式和边框式的构成方法，给人一种简洁明快的感觉，使得主题表现突出。

如图 2-13 所示，酒瓶贴包装设计以文字为主要设计元素，在瓶贴上以简洁明朗的点、线、面的垂直式排列及边框式的构成形式，与酒瓶本身的质感和颜色形成了时尚的包装效果。

图 2-12　垂直式和边框式构成方法的包装

图 2-13　酒瓶贴包装设计

任务三

包装材料与印刷工艺 ❮❮❮

任务概述

本部分主要对包装材料与印刷工艺基本知识进行讲解，阐明包装材料的分类，印刷工艺的基本原理和制作步骤。

能力目标

使学生能够独立分辨出包装材料的不同分类方式，理解和掌握包装的印刷工艺的基本原理及制作步骤。

知识目标

使学生了解包装材料，并熟练掌握印刷工艺基本原理和制作步骤。

素质目标

使学生具备独立学习的能力，具备分析问题和解决问题的能力。

本部分的重点内容为包装的材料和印刷工艺。

一、包装材料 ONE

1. 纸材

1) 牛皮纸

牛皮纸主要以硫酸盐纸浆加工制作而成，具有成本低、强度高、纤维粗、透气性好等特点，主要用于制作购物袋、公文袋、食品袋及小包装用纸等，也被用作制造瓦楞纸的表层面纸。

2) 漂白纸

漂白纸采用软、硬木混合纸浆，用硫酸盐工艺加工生产制作，具有高强度纸质，且白而精细、光滑，适用于现代印刷工艺，常被用做包装纸，以及标签、瓶贴等的用纸。

3) 蜡纸

结合涂蜡技术制成的耐水性强且具有一定强度的纸张，主要用于食品、水果、糕点、纺织品及日用品的隔离保护的内包装材料。

4) 玻璃纸

以天然纤维素为原料，可以制成涂漆、涂蜡、涂布等不同品种，其具有表面平滑、透明度好、密度大、抗拉力强、伸缩度小、抗湿防油性好等特点，主要用于食品的包装。

"超链接"：有关纸张的几种单位概念。

(1) 纸的基重：表示纸张重量的一种单位。目前国内使用的单位为 g/m^2，比如 200 g 纸就是每平方米内纸的重量为 200 g。

(2) 纸的令重：通常 250 g 以下的纸以 500 张为一令，以 10 令为一件进行包装。

(3) 纸的厚度：测量纸的厚度有公、英制两种方法，公制为 1/100 mm 为单位，称作"条数"，即 0.01 mm 为 1 条，厚度为 0.2 mm 为 20 条；英制则以 1/1 000 英寸为单位，称为"点数"，0.001 英寸为 1 点，厚度 0.02 英寸则为 20 点。

(4) 纸的开数：纸的开数是指纸的裁切应用标准，比如国内目前通常使用的一种纸张规格为 787 mm×1092 mm，即为"整开"，平均裁切成两等份 787 mm×546 mm 为"对开"，依此类推，如 4 开、8 开、16 开、32 开等。

2. 塑料

自 20 世纪初塑料材料问世以来，逐步发展成为使用广泛的一种包装材料，而且使用量逐年增加，应用领域不断扩大。

塑料是一种人工合成的与天然纤维构成的高分子材料。塑料高分子聚合时根据聚合方式和成分的不同，会形成不同的形式，因为高分子材料加热或冷却的加工环境、条件和加工方法的不同产生不同的结果。

作为包装材料，塑料具有良好的防水防潮性、耐油性、透明性、耐寒性、耐药性，在加工时因为质量轻、可着色、易加工、耐化学性等特点，可以塑造成多种多样的形状，以此来进行包装印刷。

塑料包装材料按照形式可以分为塑料薄膜和塑料容器。塑料薄膜以其强度高、防水防油性高、阻热性强等特点，已经发展成为使用广泛的内层包装材料和生产包装袋的材料，国内通常把厚度不超过 0.2 mm 作为区分容器和薄膜的界限。

3. 金属

金属是金属元素或以金属元素为主构成的具有金属特性的材料的统称。它包括纯金属、合金、金属化合物、特种金属材料等。金属材料通常分为黑色金属、有色金属、特种金属材料。黑色金属又称钢铁材料，包括含铁90%以上的工业纯铁，含碳2%~4%的铸铁，含碳小于2%的碳钢，以及各种用途的结构钢、不锈钢、耐热钢、高温合金、精密合金等。

　　金属材料的延伸率和断面收缩率越大，表示该材料的塑性越好，即材料能承受较大的塑性变形而不被破坏。一般把延伸率大于5%的金属材料称为塑性材料（如低碳钢等），而把延伸率小于5%的金属材料称为脆性材料（如灰口铸铁等）。塑性好的材料能在较大的范围内产生塑性变形，并同时使金属材料因塑性变形而强化，从而提高材料的强度，保证了零件的安全使用。此外，塑性好的材料可以顺利地进行某些成型工艺加工，如冲压、冷弯、校直等。因此，选择金属材料作机械零件时，必须满足一定的塑性指标。

4. 瓷器

　　陶瓷的化学稳定性与热稳定性均好，能耐各种化学物品的侵蚀，热稳定性比玻璃好，在250℃~300℃时也不开裂。

　　不同商品的包装对陶瓷的性能要求也有所不同，包装用材料，主要从化学稳定性和机械强度考虑，比如高级饮用酒（如茅台酒），要求陶瓷不仅机械强度高、密封性好，而且要求白度好、光泽度高。有些材料则要求有好的电绝缘性、压电性、热电性、透明性、机械性能等。

　　陶瓷按照造型可分为缸、坛、罐、钵、瓶等多种形式。陶缸大多为炻质容器，下小上大，敞口，内外施釉，缸盖是木制的，封口用桑皮纸、猪血裱糊，在出口包装中，陶缸是盛装皮蛋、咸蛋的专用包装；坛和罐是可封口的容器，坛较大，罐较小，有平口和小口之分，有的坛两侧或一侧有耳环，便于搬运，坛外围多套有较稀但质地较坚实的竹筐或柳条、荆条筐等。这类容器主要用于盛装酒、硫酸、酱油、咸菜、酸渍菜、腐乳等商品，封口方法一般都用桑皮纸胶封口或胶泥封口。

　　陶瓷瓶是盛装酒类和其他饮料的销售包装物。其结构、造型、瓶口等与玻璃瓶相似，材料既有陶瓷也有瓷质的，造型有鼓腰形、壶形、葫芦形多种艺术形象，陶瓷瓶古朴典雅，釉彩和装潢美观，主要用于高级名酒包装。

二、包装的印刷工艺　　　　　　　　　　　　TWO

1. 特种印刷工艺原理

1) 喷墨印刷

喷墨印刷目前主要有静电照相（色粉）和喷墨成像两个主流系统，应用领域包括出版物（印刷）、个性样本（印刷）、直邮印刷、商业印刷、标签印刷、商标印刷、防伪印刷等领域。

　　喷墨数码印刷由数码文件直接印刷，不需要制版，一项业务在接到订单几分钟后即可印刷，便捷、高效、节省空间和人力。印刷过程管理更容易，可依据活工作所需的准确数量印刷，避免传统印刷校色过程中的浪费。

2) 防伪印刷

防伪印刷是一种综合性的防伪技术，包括防伪设计制版、精密的印刷设备和与之配套的油墨、纸张等。单纯从印刷技术的角度来看，防伪印刷技术主要包括：雕刻制版、用计算机设计版纹、凹版印刷、彩虹印刷、花纹对接、双面对印技术、多色接线印刷、多色叠印、缩微印刷技术、折光潜影、隐形图像和图像混扰印刷等形式。

　　（1）紫外荧光油墨。在紫外光照射下，能发出可见光的特种油墨。

　　（2）日光激发变色防伪油墨。在太阳光下，能发出可见光的防伪印刷油墨，变色效果，可以从无色变紫、蓝、黄等色，也可设计为从有色到无色变化。

　　（3）热敏防伪油墨（亦称热致变色防伪油墨）。这是在加热作用下，能发生变色效果的油墨。根据变色所需温度的不同，它可以分为手温型变色防伪油墨和高温变色防伪油墨；按照变色方式的差异，可分为单变色可逆、多变色不可逆和多变色不可逆热敏防伪油墨。

3）胶版印刷

胶版印刷方法是通过滚筒式胶质印模把沾在胶面上的油墨转印到纸面上，由于胶面是平的，没有凹下的花纹，所以印出的纸面上的图案和花纹也是平的，防伪性较差。胶版印刷所需的油墨较少，模具的制造成本也比凹版低。

4）金属制品印刷

金属印刷的印刷方式一般以承印物的形态不同而有所差异，但是，无论采用什么样的材料，均属于硬质材料，所以，金属印刷大多以胶印为主体，即印版上的图文先印在中间载体（橡皮布滚筒）上，再转印到承印物上的间接印刷方式。到目前为止，胶印主要有平版胶印、无水平版胶印、凹版胶印、凸版胶印（干胶印）等四种印刷方式。

5）凹版印刷

凹版印刷是一种直接的印刷方法。它将凹版凹坑中所含的油墨直接压印到承印物上，所印画面的浓淡层次是由凹坑的大小及深浅决定的，如果凹坑较深，则含的油墨较多，压印后承印物上留下的墨层就较厚；相反如果凹坑较浅，则含的油墨量就较少，压印后承印物上留下的墨层就较薄。凹版印刷的印版是由一个个与原稿图文相对应的凹坑与印版的表面所组成的。印刷时，油墨被充填到凹坑内，印版表面的油墨用刮墨刀刮掉，印版与承印物经一定的压力接触，将凹坑内的油墨转移到承印物上，完成印刷。凹版印刷作为印刷工艺的一种，以其印制品墨层厚实、颜色鲜艳、饱和度高、印版耐印率高、印品质量稳定、印刷速度快等优点在印刷包装及图文出版领域内占据极其重要的地位。从应用情况来看，在国外，凹版印刷主要用于杂志、产品目录等精细出版物，以及包装印刷和钞票、邮票等有价证券的印刷，也应用于装饰材料印刷等特殊领域；在国内，凹版印刷则主要用于软包装印刷，随着国内凹印技术的发展，也已经在纸张包装、木纹装饰、皮革材料、药品包装的印刷上得到广泛应用。

6）丝网印刷

丝网印刷属于孔版印刷，它与平版印刷、凸版印刷、凹版印刷一起被称为四大印刷方法。孔版印刷包括誊写版、镂孔花版、喷花和丝网印刷等。孔版印刷的原理是：印版（纸膜版或其他版的版基上制作出可通过油墨的孔眼）在印刷时，通过一定的压力使油墨通过孔版的孔眼转移到承印物（纸张、陶瓷等）上，形成图像或文字。

丝网印刷的特点归纳起来主要有以下几个方面。

（1）丝网印刷可以使用多种类型的油墨，如油性、水性、合成树脂乳剂型、粉体等类型的油墨。

（2）版面柔软。丝网印刷版面柔软且具有一定的弹性，因此，不仅适合于在纸张和布料等软质物品上印刷，而且适合于在硬质物品上印刷，如在玻璃、陶瓷等上印刷。

（3）丝网印刷压印力小。由于在印刷时所用的压力小，所以也适于在易破碎的物体上印刷。

（4）墨层厚实，覆盖力强。

（5）不受承印物表面形状及面积大小的限制。丝网印刷不仅可在平面上印刷，而且可在曲面或球面上印刷；不仅适合在小物体上印刷，而且适合在较大物体上印刷。这种印刷方式有着很大的灵活性和广泛的适用性。

2. 印刷中的上光和压光

1）上光技术

上光是在印刷品表面涂（或喷、印）上一层无色透明的涂料（上光油），经流平、干燥、压光后，在印刷品表面形成一层薄且均匀的透明光亮层。上光包括全面上光、局部上光、光泽型上光、哑光（消光）上光、特殊涂料上光等。

2）压光技术

压光是上光工艺在涂上光油和热压两个机组上进行的，印刷品先在普通上光机上涂上光油，待干燥后再通过压光机的不锈钢带热压，经冷却、剥离后，印刷品表面就形成镜面反射效果，从而获得高光泽。

3．印刷工艺的基本原理和程序

印刷的全历程可以分为印前、印刷和印后加工三个阶段，即最初的企划、制作、输出、印前制、印刷、印后加工。印后加工就针对产品需要来进行加工，比如覆膜、烫金、扣切等。

4．印前注意事项

（1）使用非 TIF 格式图片或图片经过旋转，容易造成破图或图片上有线的情形，解决方法是将文件做完后发排时转换成点阵图，在转换时注意色彩模式、解析度选项，另外，反锯齿补偿一项不可选，否则会在图片边缘会有一道虚边，色彩模式一般为灰度式 CMYK32 位，解析度不低于原图片即可。

（2）如果在 Coreldraw 中将文件导出成图片，会形成一层通道，需在 Photoshop 中删除该通道方可正常使用。

（3）文件中有链接图片，一定要转图，否则发出来即使没有旋转，也会破图。

 项目小结

此项目主要通过三个任务来完成对项目一——包装设计基础的讲解。在任务一包装设计的基本理论中，重点讲述了包装设计的基本概念、包装设计的表现原则、包装设计的定位、包装设计的分类，其中在容器的定位中，对知识进行了扩展讲解，开阔了学生的思路；在任务二包装设计的视觉传达元素中，着重讲解了包装的图形、色彩、文字、构成、商标；在任务三包装材料与印刷工艺中，主要讲述了包装的材料、包装的印刷工艺，其中对包装的印刷工艺展开了详细的讲解。三个任务中的理论知识紧紧围绕项目展开论述，在每个任务中都插入了实践训练（课程设计）部分，通过实践训练让学生更好地掌握理论知识，让理论为实践服务，让实践成为理论的先导。通过对本项目的学习，让学生能够掌握包装设计的基础知识。

 思考与实训

（1）思考在现实的包装的设计中，包装是如何来进行定位的。

（2）简述包装的几种印刷工艺制作原理。

项目二
包装结构设计

BAOZHUANG
SHEJI (DI-ER BAN) ◄ ◄ ◄ ◄

◄ ◄ ◄ ◄

包装结构设计概论 ‹‹‹

■ **任务概述**

本部分主要对包装结构基本知识进行讲解，阐明包装结构设计的基本概念、包装结构设计的原则、纸包装结构设计。

■ **能力目标**

使学生能够理解和认知包装结构的概念，并且能够独立区分不同包装结构的特点。

■ **知识目标**

使学生掌握包装结构的概念和不同分类，掌握结构设计的基本原则和结构设计的艺术规律。

■ **素质目标**

使学生具有绘制结构设计图的能力、语言表达和动手能力。

■ **知识导向**

本部分重点内容为包装结构设计的概念、基本因素、存在的问题、原则，常见的包装设计结构形式和课程设计。

一、包装结构设计的概念　　　　　　　　　　　　　　　　　　　ONE

包装结构设计是包装结构各组成部分的搭配和排列方式的设计，也是对承担重力或外力的构造的一种设计，是基于产品研发、用户分析、使用环境、提升商品附加值、方便商品展示功能之上的一种综合设计。包装结构设计是指根据科学原理和不同包装材料的特性，从包装的保护性、方便性、复用性、显示性等基本功能和生产实际条件出发，对包装外形构造及内部附件进行的设计。

包装的结构设计在整个包装设计体系中占有的重要地位。它是包装设计的基础，是包装设计与印刷技术专业的重要组成部分。包装造型设计和包装装潢设计共同构成包装设计，包装具有保护产品、方便运输、促进销售的三大功能，实现这些功能需要有合理的包装结构设计。包装的结构性能如何，将直接影响包装的强度、柔韧度、稳定性和适用性；包装结构设计的合理与否，将直接影响商品的运输、销售等各项功能。

二、包装结构设计的基本因素　　　　　　　　　　　　　　　　　　TWO

1. 内装物

内装物即被包装物，从广义的角度来说，一切商品都可以成为被包装商品，被包装商品是包装容器结构设计的主要研究对象，在进行结构设计前必须明确其所有性能，才可以对其进行下一步工作。商品的性能包括：用途和特性、形状和物态、质量和尺寸、易损性、耐水性、防锈性、抗霉性、污染性等。内装物的特点如下。

(1) 内装物的物理性质包括固态、液态、粉状、气态四种类型。固体形态又分为成型的、颗粒的、粉状的三种类型。固体商品的包装材料大多选用纸材，其封合方法大多采用插入锁口等方法；液态商品的包装因黏度的不同常使用软管、瓶、罐、复合膜袋等进行设计。粉状和气态商品的包装要根据不同的商品特性进行具体设计。

(2) 内装物的化学性质有易损性、变形性、耐水性、耐湿性、防锈性和抗霉性等特点。根据商品的不同特性进行不同的包装结构设计，比如防光、防潮、防挤压、抗震、防霉、防氧化等结构设计。

(3) 内装物应用领域主要应用于食品、医药、电子、化工等方面，因商品的用途不同，所以包装结构的设计也有所区别，例如促销的小型商品，其结构的设计比较简单，这样便于顾客开启和携带；还有的商品需要长时间保存或经常使用，这就要考虑包装结构的坚固性、易封性、易启性等特点。

2. 包装的材料

现代包装中使用的材料种类繁多，主要有纸材、塑料、金属、玻璃、陶瓷及各种复合材料等，随着材料科学的发展而不断增加。包装设计人员必须掌握各种材料的性能和特点，了解包装材料与被包装产品之间的相容性，便于正确地选择合适的材料。包装材料的性质、工艺和可装饰性如下。

(1) 材料的物理性质：透明、厚度、阻隔性等。

(2) 材料的化学性质：化学稳定性、安全性、防腐、防锈等特性。

(3) 材料的机械性质：强度、弹性等。

(4) 材料的成型工艺：流变性、可塑性等。

(5) 材料的可装饰性：可印刷性、光滑度等。

3. 流通环境

被包装产品经流通环节最终达到消费者手中，在流通环节中接触到的一切外部因素即为流通环境，而流通环境也是导致被包装产品损坏的外部因素。影响包装结构设计的流通环境主要有以下三类因素。

(1) 物理因素：冲击振动和静压等。

(2) 生物化学因素：温度、湿度、雨水、辐射、有害气体、微生物等。

(3) 人为因素：防止野蛮装卸和假冒偷换等现象。

根据包装结构设计的基本因素，在进行设计时，必须注意以下性能。

1) 保护性

在进行包装结构设计时，首先要考虑的问题就是保护商品，包装结构的设计要根据产品的属性去设计，选用坚固可靠的材料。

2) 方便性

包装结构的设计要具有便于堆叠存放、便于展示、方便销售和携带、方便使用、方便运输的特性。

3) 生产的合理性

大批量的生产，要考虑加工、成型、大批量生产的方便等问题。

4) 变化性

包装的造型稍加变化就会给人产生新颖感和美感，从而刺激消费者的购买欲望。

三、包装结构设计存在的问题 THREE

目前，市场上常见的包装结构设计存在的问题如下。

(1) 一味追求新奇，导致包装华而不实，如月饼包装、茶叶包装等。

（2）太过简陋，难以提升商品特殊的品质，如土特产包装，中草药包装等。

（3）结构雷同，缺乏创新。同一类商品不同品牌的包装结构几乎雷同，缺乏识别性，外观几乎一样。

四、包装结构设计的原则　　　　　　　　FOUR

1. 整体设计的原则

在进行包装结构设计时需要综合考虑以下因素：内装产品特性（性质）、内装产品形态、内装物的陈列方式、内装产品的用途、消费目标群；产品的运输条件、运输路线、运输时间、货物的仓储环境；绿色环保要求和相关的法律法规的要求；客户的意见、建议、要求等。

2. 结构设计的原则

1）科学性原则

科学性原则是具有创意的设计方法，应用恰当的结构材料和加工工艺，使设计标准化、系列化、通用化，符合有关法律法规的要求，产品适应批量机械化、自动化生产。

2）可靠性原则

可靠性原则是使设计具有足够的强度、刚度和稳定性，在运输流通环节过程能承受外界各种因素的影响。

3）美观性原则

美观性原则是使包装中的造型和装潢设计元素符合美学概念，这样宜于产品的销售。美学概念中的结构形态六要素：点、线、面、体、色彩和肌理；结构形式六法则：安定与轻巧、对称与均衡、对比和调和、比例与尺度、节奏与韵律、统一与变化。

4）经济性原则

经济性原则是包装结构设计所遵守的最重要的原则，要求合理选择材料、减少原材料成本、降低材料的消耗、设计程序合理化、提高工作效率等。

3. 差异性原则

"差异性"是用来界定两者之间差异的一种尺度，是一种可操作性很强的设计理念，可以通过新产品与现行产品之间的对比观察出其中的不同。目前，市场中的产品琳琅满目，几乎都达到了饱和状态，在这种情况下，重要的是产品之间差异性，哪种产品的特点设计突出，哪种产品就会受到市场的欢迎。

4. 装潢设计的原则

包装装潢设计的前提是色彩的整体性规划。包装装潢中的色彩要求设计醒目、对比强烈，有较强的视觉冲击力和竞争力，以唤起消费者的购买欲望，促进销售。例如：在食品类的包装装潢设计中，以暖色为主，突出食品的新鲜、营养和味觉感；在医药类的包装装潢设计中，多采用单纯的冷色调；在化妆品类的包装装潢设计中，常用柔和的中间色调。设计者要根据消费者的习惯，以及国际、国内流行色的变化趋势，不断提高色彩的设计感和色彩心理学意识，最终实现色彩设计的完美性。

随着人们生活节奏的加快，消费者在商场内选购商品的时间也趋于减少，其实质上是减少了消费者对同类商品的品牌对比、鉴别的时间，那么商品的包装设计就成为影响消费者购物的关键因素了。

"超链接"：包装结构设计项目的流程如下。

（1）布置任务。把项目分到小组，要求学生把所做的项目制定详细的策划说明，加强师生之间沟通和交流，使学生明确任务分工，也有助于加强学生的团队合作精神。

（2）交流讨论，确定最终任务安排。小组分工明确后，把成员分工任务公示，教师审核任务进度和发展方向，形成各小组竞争态势。

（3）每个人根据任务进行设计方案设计初稿。

（4）修改设计方案，完善设计方案。各小组进行方案讲解，展开讨论，教师进行点评，对方案进行可行性评估。

（5）设计制作阶段。根据设计方案展开具体设计进程。

（6）成品展示，邀请包装设计公司、资深设计师参与评审。

五、常见的包装设计结构形式　　　　　　　FIVE

1. 盒式结构

1）插口式

插口式是最常用的一种盒式结构，其造型简洁、工艺简单、成本低廉，平时常见的生活日用品、食品多是采用这种包装结构形式（见图4-1）。

2）开窗式

开窗式的盒式结构设计常用在儿童玩具、化妆品、食品等商品包装设计中。这种结构形式的特点是使消费者对选购的商品一目了然，增强商品的可信度、透明度，结构中的开窗部分用透明材料进行填充（见图4-2）。

图4-1　插口式的盒式结构设计　　　　　　　　　图4-2　开窗式的盒式结构设计

3）手提式

手提式的盒式结构设计常用在礼盒包装中，其特点是便于携带、外观华丽，但在设计时要注意商品的体积、重量、材料及提手的结构设计是否得当，以免商品的包装在流通过程中受到损坏，影响后期销售。

4）抽屉式

抽屉式包装结构形式类似于抽屉的造型，盒盖与盒身是由两部分结构组合而成，结构牢固便于多次使用。这种结构形式在食品、药品的包装设计中运用较多。

5）变形式

变形式的盒式结构设计主要讲究结构的趣味性与多变性，常适用于一些特性活泼的产品包装设计，如小零食、多味糖果、儿童玩具等。这种结构形式虽然制作较为复杂，但是展示效果很好（见图4-3）。

6）有盖式

有盖式的盒式结构设计又可以分为一体式结构设计和分体式结构设计两种类型。所谓一体式结构设计是指盒盖与盒身结构相连，用一纸成形，比如香烟的包装；而分体式结构设计是指盒盖与盒身结构独立分开，结构互相独立，常见的有月饼的包装设计。有盖式的盒式结构设计如图4-4所示。

7）组合式

组合式的盒式结构设计多用在高档礼盒的包装设计中，在这种包装形式中既有小包装又有中包装。它的特点是贵重华丽，成本较高（见图4-5）。

图4-3　变形式的盒式结构设计

图4-4　有盖式的盒式结构设计

图4-5　组合式的盒式结构设计

以上七种盒式结构设计形式是较为常用的纸盒结构形式，设计者在进行设计时要根据产品的特性灵活运用，不能照搬照套。

2．罐式结构

罐式结构又称合成罐，这种包装形式多用于液体和粉状商品的包装设计中。它密封性能好、利于保鲜，在材料上通常采用镀锡薄钢板、铝材和镀烙薄钢板等材料进行设计，在化工、医药、食品等领域得到了广泛的应用（见图 4-6）。

3. 瓶式结构

瓶式结构的包装材料多以玻璃为主。玻璃容器大多是由碎玻璃、纯碱、硝酸钠、碳酸钡、石英等十几种原料经过 1 600°高温融化加工制造，并经过塑形等工艺设计而成的。可以根据不同的模具设计出不同形状的玻璃容器，主要包括各种酒瓶、饮料瓶、酱菜瓶、蜂蜜瓶、罐头瓶、碳酸饮料瓶、咖啡瓶等。玻璃容器具有密封性能高、透光度强、易于长期保存的特点（见图 4-7）。

4. 袋式结构

袋式结构的包装材料多以塑料薄膜为主。塑料薄膜是用各种塑料经过特殊的加工工艺制作而成的。它具有强度高、防潮性能好、防腐性强的特点，有时用来作为包装的内层材料，具有很好的保护作用，在食品的包装中深受欢迎（见图 4-8）。

5. 盘式结构

盘式结构主要是指盘式折叠盒型的设计，该结构是将一页纸板从四周以直角或斜角的方式进行有规律的折叠，或在角隅处进行锁合或黏合处理。如果有特殊要求，还可以将纸板延伸组成盒盖，进行更为丰富的设计。盘式结构主要适用于化妆品、食品、礼品等高档的包装设计领域（见图 4-9）。

图 4-6　罐式结构设计

图 4-7　瓶式结构设计

图 4-8　袋式结构设计

图 4-9　盘式结构设计

六、课程设计   SIX

　　课题：以小组为单位，收集社会中优秀的包装结构设计实例，内容包括化妆品的盒型设计、酒制品容器设计、环保纸袋包装结构设计等，并对收集的案例进行简要分析。

　　(1) 训练目的：通过实践调查，使学生能够联系课堂理论知识并加深其记忆，增强团队协作精神和沟通交流能力，提高创新和环保意识。

　　(2) 工作要求：图片制作分辨率 300 pdi 以上，CMYK 模式，每个案例必须带有简单的案例分析。

　　(3) 知识链接：包装结构存在的问题、包装结构设计的原则、常见的包装设计结构形式。

　　(4) 考核方案：实行小组制，满分 100 分。其中小组各成员工作积极性占 20%，案例分析 40%，实践调查报告占 30%，教师评价占 10%。

　　(5) 案例分析如下。

　　典型的系列罐装容器设计（见图 4-10），装潢设计上采用图案相同、色彩不同的方式，向消费者暗示两种口味的感觉，简洁大方的螺旋状图案给人一种饮后清爽的感觉。

　　仿木纹的纸材包装设计（见图 4-11），具有古典的稳重与优雅，单瓶包装显示了酒的珍贵，精致的结构无形中提升了商品的内在价值。

图 4-10　系列罐装容器设计　　　　　　　　　　图 4-11　仿木纹的纸材包装设计

　　虽然是常见的袋式结构，但是其可爱的色彩和图案，充满着香甜而又温馨的味道，非常具有诱惑力。袋式结构包装设计如图 4-12 所示。

　　如图 4-13 所示的画面视觉效果好，黑白对比冲击力强，决定了商品不俗的档次。图案稳重大气给人留下深刻印象。

　　异形的外包装设计（见图 4-14），图案效果绚烂醒目，多种颜色的系列包装容易让人有急于品尝的冲动。

　　简易大方的插口式包装设计（见图 4-15），绿色的主题色调，精致的印刷，清晰地向小朋友展示了里面的玩具形象，不必犹豫，喜欢就快去买回家吧！

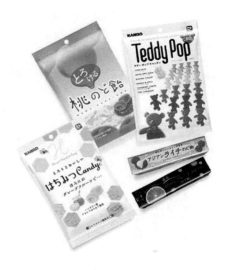

图 4-12　袋式结构包装设计

图 4-13　画面视觉效果好的包装设计

图 4-14　异形的外包装设计

图 4-15　插口式包装设计

淡雅的色彩，在不俗的包装（盒与筒）之间切换（见图 4-16），这种经典的小食品让人想起童年的开心时刻，口味不止一种，黄色的是烤肉味，红色的是番茄味，还有巧克力味……真是好极了！

复合材料包装设计（见图 4-17）把优点集于一身，现代技术并没有把感性的精神埋没。这组包装仿佛在笑着欢迎购买的人，夸张的动漫效果，突出了时代流行的时尚，有强烈的说服力。

惊艳、美丽、超凡脱俗，亦如女人的魅力。如图 4-18 是一组化妆品容器设计，无论从包装造型设计还是色彩来说都是非常成功的。无须广告，这样的化妆品是女人永不停息的梦。

图 4-16 盒与筒之间切换的包装设计

图 4-17 复合材料包装设计

图 4-18 化妆品容器设计

多种口味的果仁巧克力永远是孩子的最爱。简易而时尚的包装设计（见图 4-19）传达出甜蜜的信息，花花绿绿的包装代表的不止是一种心情，不信你来尝一尝。

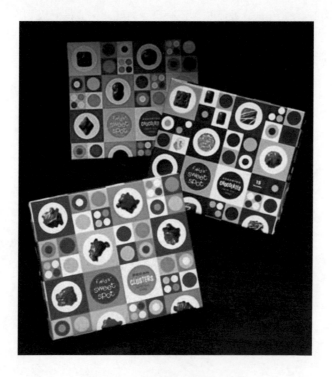

图 4-19　简易而时尚的包装设计

如图 4-20 所示，外包装纸盒的形状就像一朵盛开的花，不寻常的包装就像花蕾一样挺立，里面容器的装饰与外包装一致，向人们传递着产品像新鲜的花儿般的感受，加上鲜艳娇嫩的色彩仿佛将花之精华包装在里面了。

图 4-20　外包装纸盒设计

任务五

纸材包装结构设计与制作 《《《

■ 任务概述 ▌

本部分主要对纸材包装结构设计与制作进行讲解，阐述了纸盒包装容器的分类、纸盒的选材、纸盒的设计、纸材包装尺寸与绘图惯例。

■ 能力目标 ▌

使学生能够独立分辨出纸包装容器的不同分类方式，并且能够独立阐述其各自的特点。

■ 知识目标 ▌

使学生掌握纸包装容器的不同分类，能够具有独立设计纸材包装结构的能力，根据产品的包装尺寸与绘图惯例能够正确画出纸材包装结构各种图例。

■ 素质目标 ▌

使学生具备独立学习的能力，具备发现问题、分析问题和解决问题的能力。

■ 知识导向 ▌

本部分包括纸盒包装容器概述，折叠纸盒结构设计和课程设计等内容。

一、纸盒包装容器概述　　　　　　　　　　　ONE

各式各样的纸包装在生活中处处可见。它们吸引着人们的视线，甚至主导着人们的购买欲望。在众多的包装材料中，纸与纸板作为包装材料不仅有着悠久的历史，而且占有相当大的比重。由于纸的材质较轻，便于运输、携带、印刷，成本低廉且环保，所以受到人们的普遍欢迎。我国纸包装大约始于唐代，当时纸包装已在商品包装中得到了普遍使用，比如茶叶、食品等。如今，纸材包装仍然是包装行业中应用最为广泛的一种材料，它加工方便、成本低廉，适合大批量机械化生产，而且成型性和折叠性好，材料本身也适合于精美印刷。纸材料之所以有如此大的发展潜力，是因为它有着其他材料无法比拟的性能，例如便于废弃与再生的性能、印刷加工性能、耐积重性能、遮光保护性能，以及良好的生产性能和复合加工性能。

1. 纸盒的分类

1）按纸盒的材料分类

根据材料，纸盒分为瓦楞纸盒（见图 5–1）、白板纸盒、卡板纸盒、茶板

图 5–1　瓦楞纸盒

纸盒等。瓦楞纸盒是用瓦楞原纸板制成的纸盒，它比一般的纸盒强度大，坚固且抗挤压能力较强，在一些场合可代替木盒包装。

2）按纸盒的形状分类

根据形状，纸盒分为方形盒（见图5-2）、三角形盒、棱形盒、屋脊形盒（见图5-3）、梯形盒及各种异型盒。

3）按纸盒的结构分类

根据结构，纸盒分为折叠盒（见图5-4）、组合盒、固定盒（见图5-5）、屋脊形盒等。

图5-2　方形盒

图5-3　屋脊形盒

图5-4　折叠盒

图5-5　固定盒

2. 纸盒的选材

1）纸盒的选材要点

纸盒包装主要用作销售包装，所以很多内层直接与内装物品相接触，这就要求纸盒内部平滑。同时在商品销售过程中，纸盒包装还起到传递信息、保护商品的作用，其表面色彩和文字要设计醒目、稳定，外表要光滑平整，一旦表面有灰尘，即可方便除去，不会因影响其表面质量而影响销售。

纸容器的主要纸板材料多为符合国际长网规格的长纤维纸板，该类纸板为硫酸漂白纸板，横向延伸率高于3%，含碳量应小于1%，纸质材料本身具有高强度的结合力。纸材作为设计选材应考虑如下几点。

（1）考虑强度是否满足运输与陈列的要求。

（2）考虑是否有利于提高商品的附加值。

（3）考虑材料价格是否与商品价格相适应。

（4）是否便于包装废弃物的处理与回收及再次加工。

（5）考虑机械加工的适应性是否良好。

（6）入厂进货加工前的检验也必不可少。

（7）做加工后（纸盒半成品或部分成品）的检验。

在纸盒设计及生产部门，根据具体情况确定不同方案，在其众多的相关因素中，考虑关键因素。作为纸盒供应商来讲，他考虑的重点问题是价格；纸盒制造厂方面重点考虑的是制造成本和可操作性；设计部门要考虑的因素会多一些，包括功能问题、成本与加工工艺问题等。值得注意的是，在选材中，有时可能所选的材料各方面性能和要求都能满足，而仅有某一方面指标难以实现，所以在实际包装选材时应从如下几个方面考虑。

（1）根据加工要求和加工设备条件合理选择材料。

（2）根据消费心理及市场需求的特点合理选择材料。

（3）根据国家环保要求合理选择材料。

（4）根据价格与满足保护功能相适宜的要求来合理选择材料。

（5）根据新的技术、新的市场动态和潮流来合理选择材料。

（6）根据经营者和用户的特殊要求来合理选择材料。

2）纸盒的选材要求

纸盒包装所用纸板材料，应满足的基础特性包括：定量、厚度、水分、强度、表面色度、外观、表面加工性（如印刷、涂层）等；应满足的加工特性包括：印刷作业性能、印刷适应性、制盒工艺性等；另外还有使用性能，如易于填充物料，易于成型、流通及回收管理等。

3. 纸盒的设计

纸盒包装结构因纸板的易加工和柔软（半刚性）等特性，使得其结构形式千变万化，特别是对礼品包装盒（见图5-6）、工艺品包装盒（见图5-7）、食品包装盒（见图5-8）、玩具包装盒（见图5-9）等结构的设计，其结构形式不断推陈出新，可以说是千姿百态。

图5-6　礼品包装盒设计

图5-7　工艺品包装盒设计

图5-8　食品包装盒设计

图5-9　玩具包装盒设计

1) 纸盒结构设计的依据

(1) 内装产品特性。

内装产品是通常所说的商品。它们的特性主要包括化学性质、物理性质、生物学特性等。

在纸盒结构设计时首先就应考虑上述特性。这样可以根据产品的特性，选择最佳盒型结构。

(2) 内装产品形态。

内装产品形态是指产品在一般环境下表现出来的外形结构，常见的有固体、液体和气体三种形态。固体形态又可以分为成型、颗粒、粉状等形态，这也是纸盒结构设计时的重要依据。

(3) 内装产品的性能和造型结构。

内装产品的性能是指内装产品功能性特征，内装产品造型结构是指其本身所具有的或内包装所具有的结构特征。在进行纸盒结构设计时，应注意包装空间利用率和稳定性能，所以一般纸盒横断面多为方形或圆形，同时立柱盒的下部均大于上部，而且底部均为平面，这有利于对产品的保护。

(4) 产品的运输条件。

产品的运输条件主要指运输距离与运输工具，如长途、短途，水运、陆运、空运等，应依据不同的运输条件选择不同的包装强度。

(5) 其他依据。

除上述依据外，还可根据具体条件来确定纸盒结构与造型。如果以运输方便为依据，就应尽可能考虑使用折叠纸盒；如果以防伪与保护功能为依据，就应尽可能选用固定式纸盒及黏结结构。

2) 纸盒结构设计的要求

① 方便性，② 保护性，③ 可变性，④ 科学性与合理性。结构设计必须考虑制造的方便和可能性。尽可能使其加工、使用和包装操作方式简单，尽可能地降低其成本（材料成本与加工成本）。

3) 纸盒结构的尺寸设计

设计纸盒通常根据所装产品的结构、尺寸确定纸盒的内径尺寸，同时了解和分析所装产品的特性，还要考虑盒内是否需有内衬等情况，然后才能确定纸盒尺寸。

4) 纸盒结构设计图例

纸盒结构设计图例如图 5-10 至图 5-15 所示。

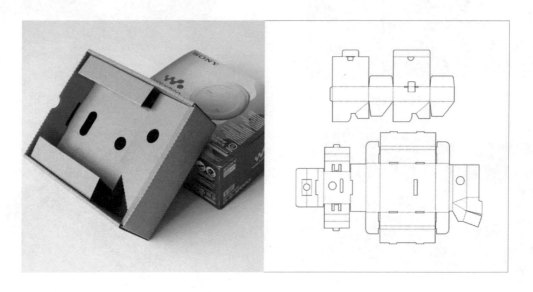

图 5-10　纸盒结构设计图例一

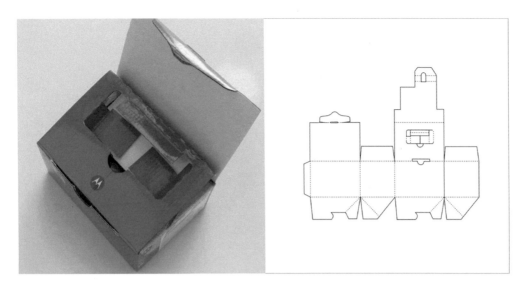

图 5-11　纸盒结构设计图例二

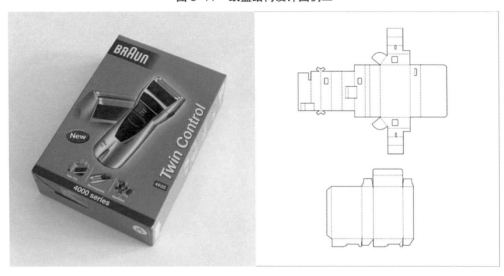

图 5-12　纸盒结构设计图例三

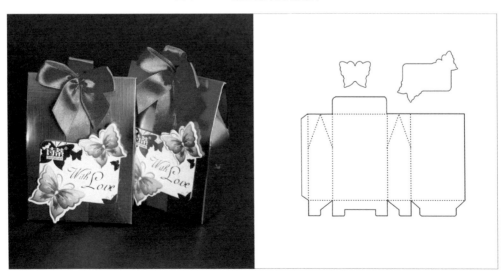

图 5-13　纸盒结构设计图例四

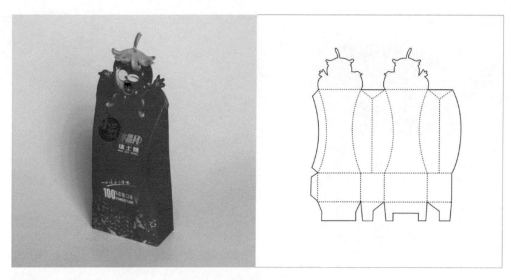

图 5-14 纸盒结构设计图例五

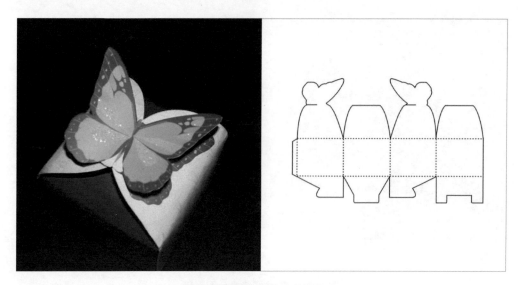

图 5-15 纸盒结构设计图例六

5）纸盒结构设计的一般步骤

（1）核实产品。包括产品的尺寸、形态、空间局限、流通范围、包装方式、总体方案定位等。

（2）测绘。确定包装的空间范围。

（3）制图（草图与施工图，包括内外立体效果图、整体造型图、各种展开图等）。

（4）制作模型。

（5）验证改进。

（6）定型施工。

4. 纸材包装尺寸与绘图惯例

1）尺寸量度惯例

一般来说，纸盒的尺寸量度应该按照长度、宽度和深度的顺序进行表述。长度、宽度和深度应按下列方式测量。

（1）长度和宽度：纸包装容器底面积的长边尺寸和短边尺寸。

（2）深度：纸包装容器从盖到底的垂直尺寸。

2）绘图惯例

一般纸盒坯展开图为印刷面向上，注明长度、宽度、深度和纹理方向等特定的基本面板或尺寸关系。例如，在褶翼插合纸盒中，防尘翼的长度默认为封闭面板和褶翼的组合宽度的一半。当然，这只是一般的惯例，并不作为唯一或优先的选择。

二、折叠纸盒结构设计　　　　　　　　　　　　　　　TWO

1. 折叠纸盒包装的设计与开发

折叠纸盒是应用范围最广、结构变化最多的一种销售包装容器，其定义一要区别于硬纸板箱和瓦楞纸箱，二要区别于粘贴（固定）纸盒。

（1）用厚度在 0.3~1.1 mm 之间的纸板制造。

（2）在装运商品之前可以平板状折叠进行运输和储存。

定义的第一点划分了一个大致的区域，小于 0.3 mm 纸板制造的折叠纸盒其刚度满足不了要求，而大于 1.1 mm 纸板在一般折叠纸盒加工设备上难以获得满意的压痕。

有一部分折叠纸盒成型后不易恢复平板状，从严格意义上来说，应为介于折叠纸盒和固定纸盒之间的半固定纸盒，但由于这部分纸盒是在包装内装物时才现场组装成型，运输仓储依然是平板盒坯，所以应属于广义的折叠纸盒。

1）设计与开发过程的主要影响因素

包装设计师在设计包装方案时需要对三个同等重要的关键领域进行考虑，即加工问题、客户问题、消费者问题。设计中的主要因素可以从以下几个方面考虑。

（1）加工因素。

在整个加工过程中，首先应该能够开发几何结构图例设计；其次，实施高效率的规划，使浪费和损坏率达到最小化，并有助于实现从设计到制造之间的快速周转；第三，还应保证成品纸盒在内部搬运、仓库储存和配送等一系列过程中保持完好，并尽量使其在到达客户时保持完美状态。

（2）客户因素。

① 使用前的接收、储存与搬运。

② 包装生产线性能：送料、成型、填充与封闭需求；生产线速度要求和其他因素，如包装生产线环境（湿度、温度等）和离线包装需求。

③ 搬运、储存和发送需求。

④ 零售需要：接收与储存、货架和摆放环境（干燥、潮湿、寒冷等）。

⑤ 合适的尺寸。

⑥ 满足所有市场目标。

（3）消费者因素。

① 产品保护：物理防伪、防盗窃等。

② 便利特性：产品可视性、开启与重封闭特性，易于家庭储存。

③ 满足消费者实用与文化两方面需求。

④ 说明书及副本。

⑤ 对产品的优点及特性增强和提升的可行性。

⑥ 环境方面的考虑。

2）现代设计工具及加工设备

（1）结构设计的现代化工具。

结构设计时所使用的工具在过去 20 年中发生了巨大的变化，现在的工具是 CAD 工作站和计算机驱动的绘图仪及样品制作设备，与图形设计、成本估计及计划等内部、外部功能联网工作，还包括图形艺术、制版、制模等功能。

（2）现代化的装饰构图设计。

从结构设计部门提供的材料开始着手工作，构图设计者创作一幅数字化艺术作品，包括文字、图形、色彩等各方面要素。完成的作品以电子方式向客户展示，它可以与产品在结构和构图细节上精确匹配。

2. 折叠纸盒结构设计的基本原理

1）折叠纸盒的基本设计类别

（1）管式折叠纸盒。

① 管式折叠纸盒的定义。

管式折叠纸盒是指在成型过程中，盒盖和盒底都要摇翼折叠组装固定或封口的纸盒（见图 5-16），这种纸盒一般应用于牙膏、胶卷、药品等商品的包装（见图 5-17），是日常生活中常见的盒型，也是主要的折叠纸盒种类之一。

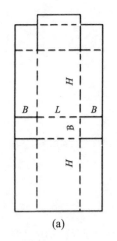
(a)

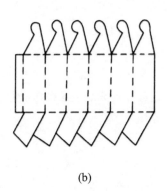
(b)

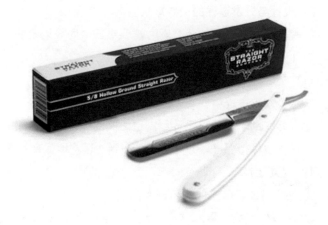

图 5-16　管式折叠纸盒结构图　　　　　　　　图 5-17　管式折叠纸盒包装效果图

② 管式折叠纸盒的盒盖结构。

盒盖是包装内装物进出的门户，其结构必须便于内装物的装填且装入后不易自开，且在使用中便于消费者开启，从而起到保护商品的作用。管式折叠纸盒主要由盒盖和盒底的结构组成。盒盖结构有很多种，比如：插入式盒盖具有再封作用，可以包装家庭日用品、玩具、医药品等；锁口式结构是主摇翼的锁头或锁头群插入相对摇翼的锁孔内，特点是封口比较牢固，但开启稍有不便；连续摇翼式是一种特殊的锁口形式，可以通过折叠组成造型优美的图案，装饰性极强，常用于礼品包装，其缺点是手工组装比较麻烦；黏合封口式盒盖是将盒盖四个摇翼互相黏合，这种盒盖封口性较好，适合高速全自动包装机，开启方便，应用较广；正揿封口式结构是在纸盒盒体上进行折线或弧线压痕，利用纸板的强度和韧度，揿下压翼来实现封口，其特点是包装操作简单，节省纸板，并可设计出许多别具一格的纸盒造型，但只限于小型轻量商品；此外还有摇盖式和防非法开启式等。

A. 插入式折叠纸盒（见图 5-18 和图 5-19）。

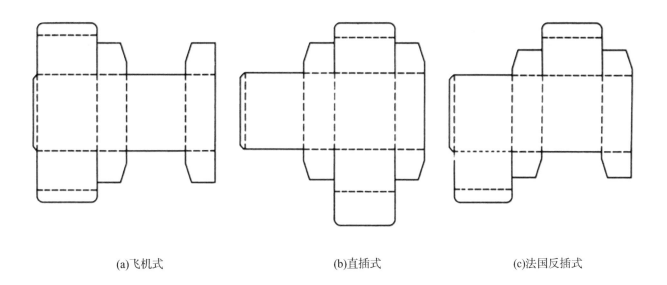

(a)飞机式　　　　　　　　　(b)直插式　　　　　　　　　(c)法国反插式

图 5-18　插入式折叠纸盒

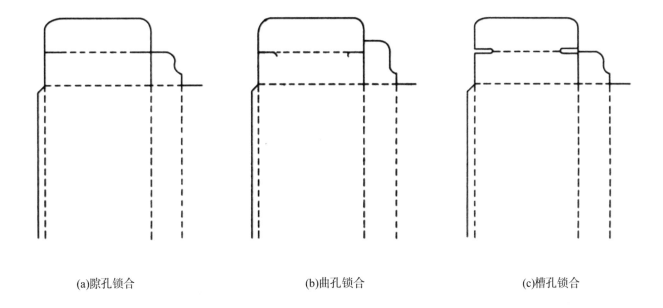

(a)隙孔锁合　　　　　　　　(b)曲孔锁合　　　　　　　　(c)槽孔锁合

图 5-19　插入式盒盖锁合结构

B. 锁口式折叠纸盒（见图5-20）。

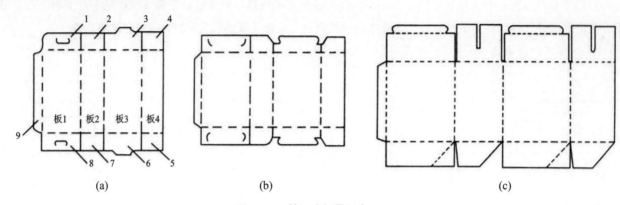

(a)　　　　　　　　　　　(b)　　　　　　　　　　　(c)

图 5-20　锁口式折叠纸盒

1—盖片1　2—盖片2　3—盖片3　4—盖片4　5—底片4　6—底片3　7—底片2　8—底片1　9—黏合接头

C. 插锁式折叠纸盒（见图5-21）。

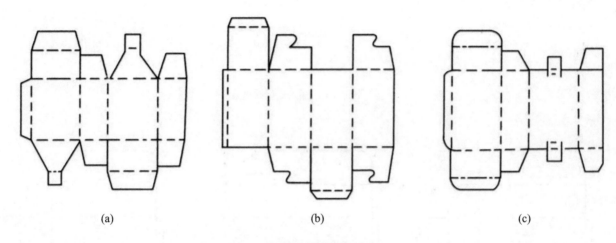

(a)　　　　　　　　　　　(b)　　　　　　　　　　　(c)

图 5-21　插锁式折叠纸盒

D. 正揿封口式折叠纸盒。

正揿封口式结构是在纸盒盒体上进行折线或弧线的压痕，利用纸板本身的韧度和强度，揿下盖板来实现封口。其特点是包装操作简便，节省纸板，并可设计出许多别具风格的纸盒造型，但仅限于小型轻量内装物的包装设计（见图5-22）。

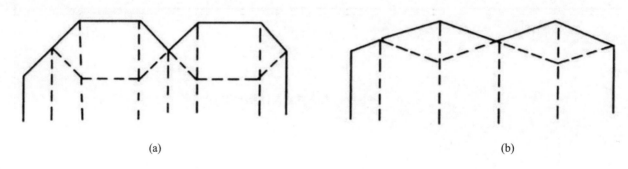

(a)　　　　　　　　　　　　　　　　　　(b)

图 5-22　正揿封口式盒盖

E. 黏合封口式折叠纸盒。

黏合封口式盒盖是将盒盖的主盖板与其余三块襟片黏合，其中有两种黏合方式，图5-23（a）为双条涂胶，图5-23（b）为单条涂胶。这种盒盖的封口性能较好，开启方便，适合高速全自动包装机。

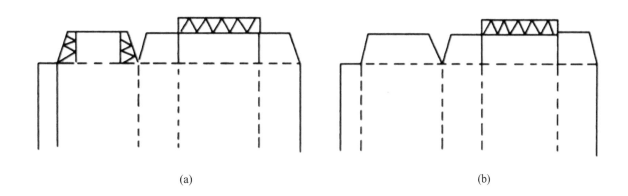

（a）   （b）

图5-23　黏合封口式盒盖

F. 显开痕盖。

为了能够及时显示盒盖开启痕迹，防止非法开启包装，保证消费者生命与健康安全，保护商品信誉，与消费者生命息息相关的食品和医药包装均可采用显开痕盖。显开痕盖即盒盖开启后不能恢复原状且留下明显痕迹，以引起经销人员和消费者警惕（见图5-24）。

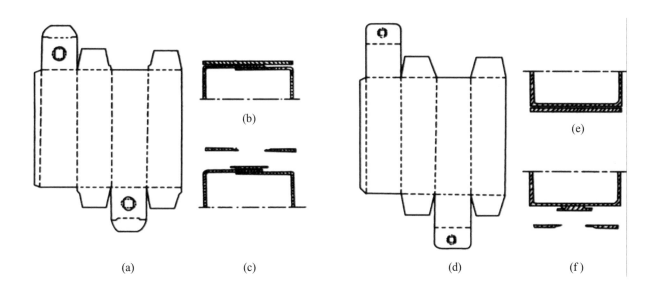

（a）　　　　　　（c）　　　　　　　　　　　（d）　　　　（f）

图5-24　半切缝显开痕盖

G. 连续摇翼窝进式折叠纸盒。

连续摇翼窝进式折叠纸盒是一种特殊的锁口形式，可以通过连续顺次折叠使盒盖片组成造型优美的图案，装饰性极强，常用于礼品包装，其缺点是组装比较烦琐（见图5-25）。

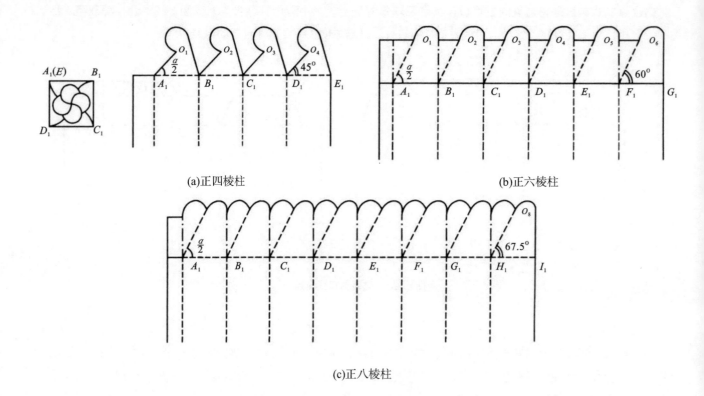

(a)正四棱柱 (b)正六棱柱

(c)正八棱柱

图 5-25 正 n 棱柱连续摇翼窝进式盒盖

（2）盘型折叠纸盒。

盘型折叠纸盒结构特征是侧边与底板或面板之间以折叠的方式相连接，而且侧边彼此之间以胶黏或锁紧方式稳固连接，很多盘型纸盒还会有一个或多个侧边的上边沿以折叠方式连接的各种盒盖结构。

① 盘型折叠纸盒的定义。

盘型折叠纸盒从造型上说是一种盒盖位于最大盒面上的折叠纸盒，也就是说纸盒的高度相对较小、开口较大。这类盒的盒底负载面大，开启后观察到的内装物可视面积也大，有利于消费者挑选和购买。从结构上看，盘型折叠纸盒是由一页纸板从四周以直角或斜角折叠成主要盒型的，有时在角隅处进行锁合或黏合，如果有特殊需要，这个盒型的一个体板可以延伸组成盒盖。与管式折叠纸盒不同，这种纸盒在盒底上几乎无结构变化，主要的结构变化在盒体位置上。盘型折叠纸盒主要适用于鞋帽、服装、食品和礼品等的包装。

盘型折叠纸盒与管管折叠纸盒一样，包括各种风格在内的各种结构的盘型纸盒种类繁多。它的种类范围从简单的单层侧板、单层端板黏合或锁合的直角矩形盘型纸盒，到造型复杂、带折叠盒盖、不对称结构等几乎无法从表面直接辨别其结构的盘型纸盒。大多数盘型折叠纸盒是以平板状态进行储存和运输的，使用时再进行拆盒，所有的纸盒成型或组装均由使用者完成，既可用手工操作，也可使用半自动或全自动的包装机械进行操作。

② 盘型折叠纸盒的成型方式。

A. 组装成型。

组装盒直接折叠成型，可辅以锁合或黏合。组装方式：图 5-26（a）为盒端对折组装；图 5-26（b）为非黏合式蹼角与盒端对折组装，侧板与侧内板黏合。

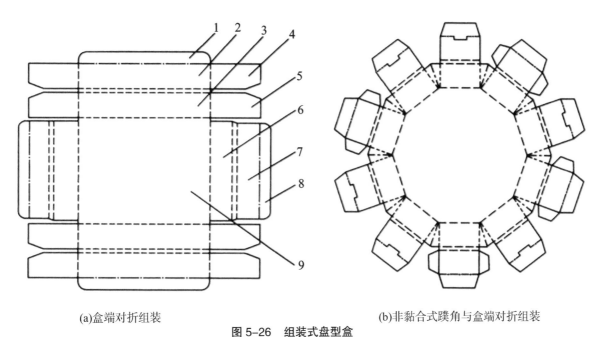

(a)盒端对折组装　　　　　　　　　　　　　　　(b)非黏合式蹼角与盒端对折组装

图 5-26　组装式盘型盒

1—侧襟片　2—侧内板　3—侧板　4—侧内板襟片　5—侧板襟片　6—端板　7—端内板　8—端襟片　9—底板

B.　锁合成型。

按锁口位置的不同，盘型折叠纸盒主要有下列几种锁合方式（见图 5-27）。

a.　侧板与端板锁合，如图 5-27（a）所示。

b.　端板与侧板锁合襟片锁合，如图 5-27（b）所示。

c.　锁合襟片与锁合襟片（侧板襟片）锁合，如图 5-27（c）所示。

d.　盖插入襟片与前板锁合，如图 5-27（d）至（f）所示。

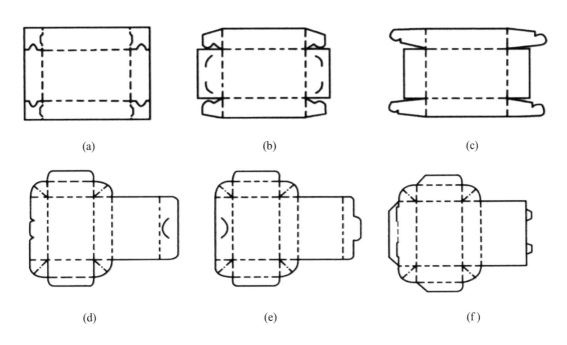

(a)　　　　　　　　　　　　(b)　　　　　　　　　　　　(c)

(d)　　　　　　　　　　　　(e)　　　　　　　　　　　　(f)

图 5-27　盘型折叠纸盒的锁合方式

锁合襟片结构的切口方式（见图 5-28）、插入方式（见图 5-29）、连接方式（见图 5-30）。

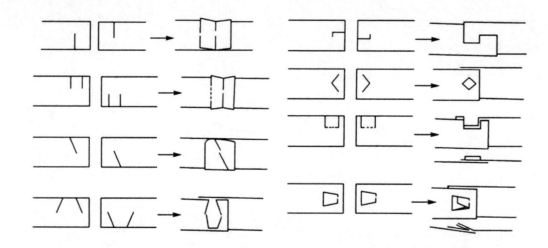

图 5-28　锁合襟片结构的切口方式

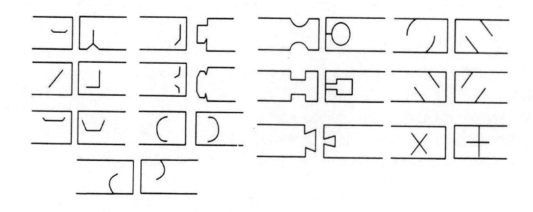

图 5-29　锁合襟片结构的插入方式

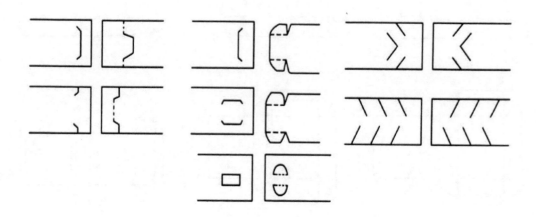

图 5-30　锁合襟片结构的连接方式

C. 黏合成型。

a. 蹼角黏合：盒角不切断形成蹼角连接，采用平分角将连接侧板和端板的蹼角分为两部分予以黏合（见图 5-31）。

b. 襟片黏合：侧板（前、后板）襟片与端板黏合，端板襟片与侧板（前、后板）黏合（见图 5-32）。

D. 组合成型（见图 5-33）。

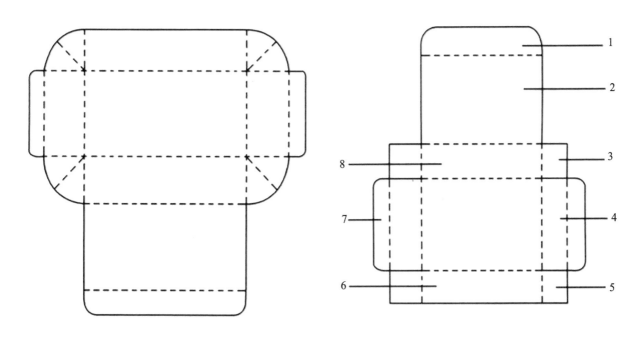

图 5-31　蹼角黏合结构

图 5-32　襟片黏合结构
1—盖插入襟片　2—盖板　3—后板襟片　4—端板
5—前板襟片　6—前板　7—防尘襟片　8—后板

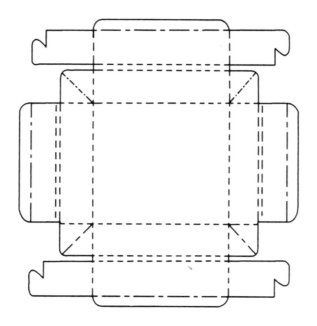

图 5-33　组合成型盘式折叠纸盒

③ 盘式折叠纸盒的盒盖结构。

盘式折叠纸盒的盒盖结构一般分为罩盖式、摇盖式、插别式、正撅封口式和抽屉盖式等多种。罩盖式的盒体和盒盖是由两个独立的盒型结构组成，盒盖的长度与宽度尺寸比盒体略大一些，多用于服装鞋帽等商品的包装；如果有特殊需要，在折叠端面进行黏合，可以提高纸盒刚度和强度，适合包装较重商品。按照盒体的相对高度，罩盖盒又可分为三种结构类型：天罩地式、帽盖式、对口盖式。插别式盒盖类似于管式折叠纸盒中的连续摇翼窝进式盒盖。抽屉式盒盖为管式成型，而盒体为盘式成型，盒盖、盒体分别为两个独立的结构。

A. 罩盖式。

罩盖式纸盒的盒盖、盒体是两个独立的盘式结构，盒盖的长、宽尺寸略大于盒体。

a. 天罩地式折叠纸盒（见图5-34）。

b. 帽盖式折叠纸盒（见图5-35）。

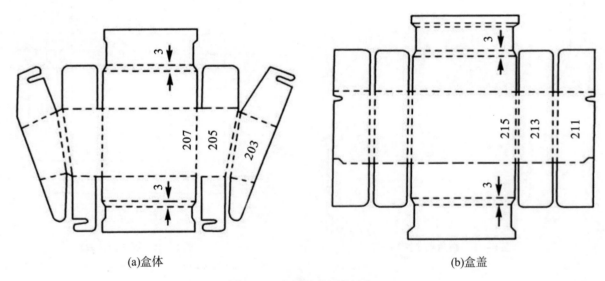

(a)盒体　　　　　　　　　　　　　　　(b)盒盖

图5-34　天罩地式折叠纸盒

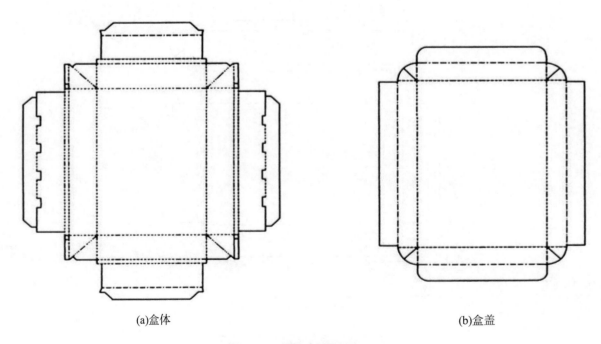

(a)盒体　　　　　　　　　　　　　　　(b)盒盖

图5-35　帽盖式折叠纸盒

B. 摇盖式。

摇盖式为后板延长为折叠式摇盖的成型盘式摇盖盒，盒盖长、宽尺寸略大于盒体，高度尺寸等于或小于盒体（见图5-36）。

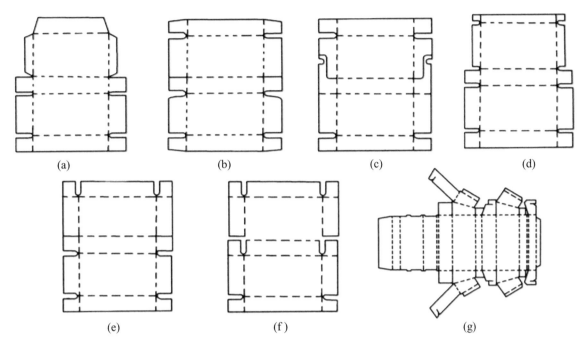

图 5-36　盘式摇盖盒

C. 插别式。

插别式盒盖设计类似于管式折叠纸盒中的连续摇翼窝进式盒盖（见图5-37）。

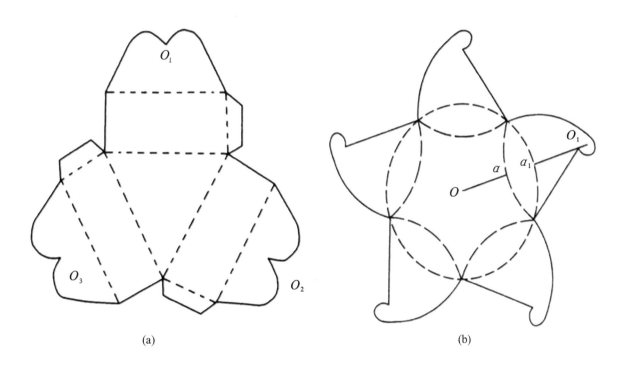

图 5-37　插别式纸盒

D. 正揿封口式（见图 5–38）。

盘式正揿封口盖类似于管式折叠纸盒中的正揿封口盖。

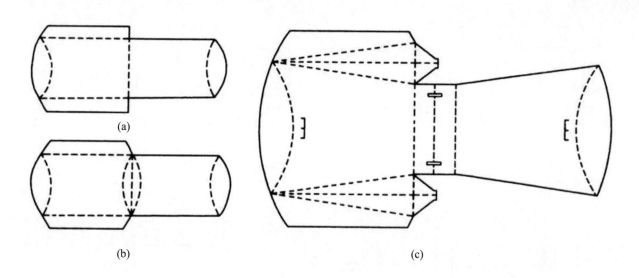

(a)

(b)

(c)

图 5–38　盘式正揿封口盖

E. 抽屉盖式（见图 5–39）。

抽屉式盒盖为管式成型，盒体为盘式成型，两者各自独立。

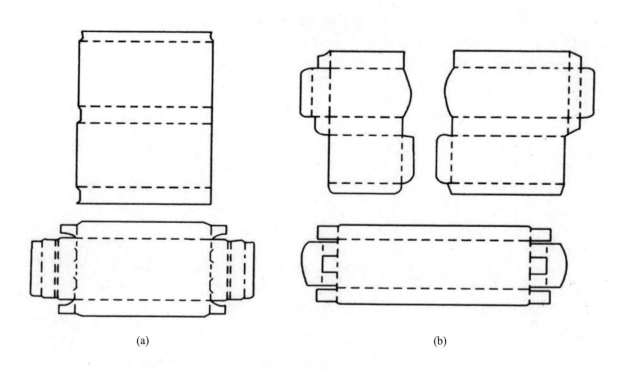

(a)

(b)

图 5–39　抽屉盖式纸盒

（3）特殊类别的纸包装。

特殊类别的纸包装是指不符合上面提到的各类包装的所有其他类型的纸盒和相关的纸板结构，或者与某种工业产品或某种包装设备密切相关而不符合纸盒定义的各种纸包装结构。

① 非纸盒的纸板结构（见图 5-40），如：画架式陈列台、间壁、纸板文件夹或信封。

② 以设备命名的纸包装结构，如：Elgin 或 Peters 类型纸盒。

③ 零售用展示结构（见图 5-41）。

④ 专门领域或具体行业的专用包装，如：快餐类纸盒、耐热纸包装盘式纸盒。

⑤ 其他造型简单的反常规类型，如：圣诞节装饰用纸盒。

图 5-40　非纸盒的纸板结构

图 5-41　零售用展示结构

2）折叠纸盒的基本构成元素

（1）面板：折叠式纸盒的主要组成部分，定义主要的成型结构。

（2）翼：沿面板的自由边以折叠的方式相连的元素，包括胶黏翼、防尘翼、褶翼。

（3）舌：连接于面板翼的自由边的一部分的纸盒元素，或者从面板翼上伸出的部分。

（4）脚副翼：一种特殊用途的翼，通常是内层面板的自由边上的锁定结构。

3）折叠纸盒的基本构成要素

包装容器的结构是点、线、面、体的组合，由平面纸板而成型的折叠纸盒、粘贴纸盒与瓦楞纸箱这类纸包装，重要的结构要素如下。

（1）点：在纸包装基本造型结构体上，分为多面相交点、两面相交点和平面点。

（2）线：从适应自动化机械生产来说，纸包装压痕线可分为两类——预折线和工作线。

（3）面：因为平面纸页成型的原因，纸盒（箱）面只能是平面或简单曲面。

（4）体：从纸包装成型方式上看，其基本造型结构可分为以下三类。

① 旋转成型体：通过旋转方法由平面到立体成型，管型、盘型、管盘型纸盒（箱）属于此类。

② 对移成型体：通过盒坯两部分纸板相对按照一定距离由平面到立体成型，非管非盘型纸盒属于此种类型。

③ 正反揿成型体：通过正反揿方法成型纸包装间壁、封底、固定等结构的造型设计。

（5）角：相对于其他材料成型的包装容器，点、线、面等要素所共有的角是旋转成型体类的纸包装成型的关键。

3. 折叠纸盒的功能性结构设计

折叠纸盒除了基本成型结构之外，还要根据其不同功能目的要求，分别设计与其有关的其他一些局部特征结构。功能性结构设计是为了满足商品包装的特别需要，或是为了宣传商品，为消费者提供方便而制作的纸盒局部结构设计。

1）提手设计

提手是为了方便消费者携带而设计的手提结构。提手的设计主要根据内装物品的重量和形态来决定，提手材料和结构一定要适合。提手的设计要保证有足够的强度和韧度，安全可靠，不能因提手的设置而严重削弱盒体的强度，同时具备可提而不划手的性能；高档包装纸盒的提手还应具有装饰性要求。

（1）提手与纸盒异体结构。

① 提手与纸盒采用相同的材料（见图5-42）。

② 提手与纸盒采用不同材料（见图5-43）。

（2）提手与纸盒一体结构。

一体结构能够降低成本、节约材料，因而应用更加广泛。

① 在盒体上的提手结构（见图5-44）。

② 在盒盖或盒体延长板上的提手（见图5-45）。

图 5-42 与纸盒材料相同的异体提手

图 5-43 与纸盒材料不同的异体提手

图 5-44 在盒体上的提手结构

图 5-45 在盒盖或盒体延长板上的提手

2）易开结构设计

作为一种方便使用的包装，易开启折叠纸盒越来越受到消费者喜爱，伴随着各种新结构的出现，生产设备不断更新换代，它们代表着现代包装的发展趋势。

（1）易开启纸盒的设计要求。

要简单易行开启方便，对保护功能的影响不能超过一定限度，适合机械化自动化生产；不影响纸盒表面尤其是图案的整体美观，开启后不应留有明显痕迹，以免给人留下不好的印象。

（2）开启结构在纸盒上的位置（见图5-46）。

（a）盖板。

（b）侧板。

（c）前板。

（d）三面，即两个侧板加一个前板。

（e）四面，即盖板、前板、底板、后板周边开启。

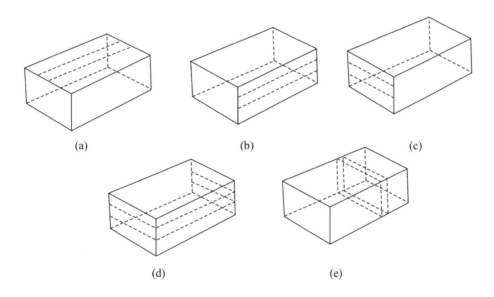

（a）　　　　　　　　（b）　　　　　　　　（c）

（d）　　　　　　　　（e）

图 5-46　开启结构在纸盒上的位置

（3）开启的基本方式。

① 撕裂开口：跟软包装撕裂开口一样，多在盒盖上进行（见图5-47）。

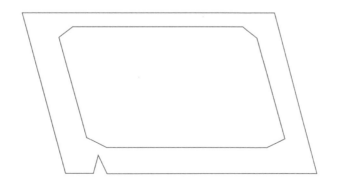

图 5-47　撕裂开口

② 半切缝开口：在纸盒开启处纸板内侧裁切的深度，只裁 1/2 厚度，利用纸板的剥离进行开启（见图 5-48）。

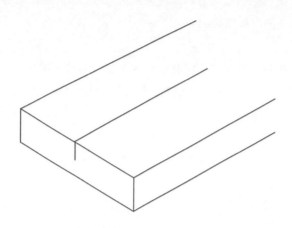

图 5-48　半切缝开口

③ 缝纫线开口：类似于邮票的齿孔线，可以根据需要选择齿孔线的位置和线形图案，也可以与其他开启形式并用，适用面非常广（见图 5-49）。

(a) 缝纫线在盒上部，用于一次性开启或开启性较少的物品。

(b) 缝纫线在盒侧部，多用于粉状商品，如洗衣粉等。

(c) 缝纫线在纸盒盒板中间，适合于多次取用的商品，如抽纸巾等。

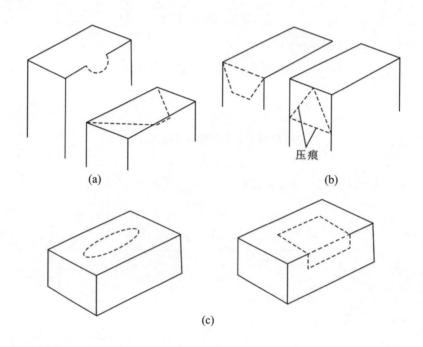

图 5-49　缝纫线开口

④ 易拉带开口：多用于快餐和冷冻食品（见图 5-50）。

(a) 沿纸盒周面板设置易拉带，多用于量少且容易取出的商品。

(b) 易拉带在盒盖上，开启和再封性能好，适合做食品包装。

(c) 单线易拉带，主要用于扁形盒。

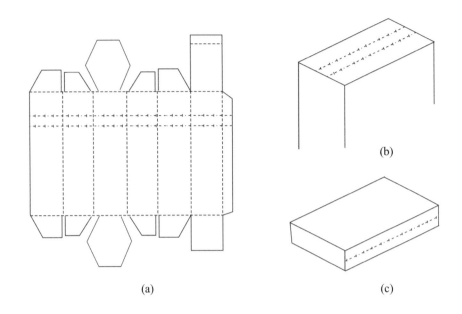

(a)　　　　　　　　　　(b)

(c)

图 5-50　易拉带开口

(4) 组合开启形式。

两种以上的基本开启方式组合在一起就能取长补短，相得益彰。一般来说缝纫线配合半缝纫线或易拉带。

① 缝纫线与切线配合，如图 5-51 (a)、(b)、(c) 所示。

② 缝纫线与易拉带配合，如图 5-51 (d)、(e)、(f) 所示。

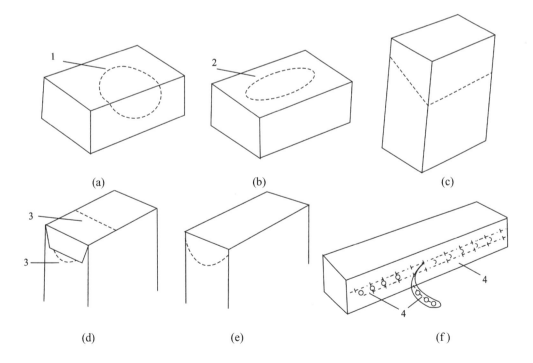

(a)　　　　　　　　(b)　　　　　　　　(c)

(d)　　　　　　　　(e)　　　　　　　　(f)

图 5-51　组合开启形式

三、课程设计　　　　　　　　　　　　　　　　　　　　　　THREE

课题：根据纸材包装结构设计的制图原理，进行生活中纸盒造型设计训练。

（1）训练目的：通过实践，培养学生的动手能力，思考能力，使其手脑并用，使理论与实践相结合。

（2）工作要求：图片制作分辨率 300 pdi 以上，CMYK 模式，表现手法不限。

（3）知识链接：纸盒包装容器的分类，纸盒的选材，纸盒的设计，纸材包装尺寸与绘图惯例，折叠纸盒的结构和功能性结构设计。

（4）考核方案：以个人为单位来进行设计，满分 100 分。其中纸盒包装结构设计占 50%，能熟练掌握纸盒包装容器的分类，选材及包装尺寸与绘图惯例占 20%，学生实践积极性占 15%，教师评价占 15%。

（5）案例分析如下。

纸盒的结构非常重要，异形盒（见图 5-52）带给人特殊的感受，这种纸盒突出了曲线美，色彩鲜艳，适合做糖果、零食一类的包装，配合亮丽的丝带，特别能制造节日喜庆的气氛。

包装结构上曲线的变化（见图 5-53）使严峻的直线有了柔和的一面，体现了流畅的时尚感，色彩与图案的动感，更加深了活跃的气氛。

图 5-52　异形盒

图 5-53　包装结构上曲线的变化

造型简单大方的管式纸盒（见图 5-54），在色彩上取胜，热烈的高纯度色彩在凝重的黑色上跃动，点线面的对比变化，很容易吸引人的眼球。

运用纸板的柔韧性和折叠性成功地把硬纸盒做成可曲可直的容器（见图 5-55），使焦脆美味的薯片能充分利用盒内空间而不会被压碎，让人提高食欲的色彩再稍加补色对比，实为大气睿智的结构设计。

图 5-54　管式纸盒　　　　　　　　　　　　　　　　　图 5-55　可曲可直的容器

　　典型的组合盘式纸盒（图 5-56），有小包装又有中包装，层层保护，突出商品的珍贵性。它的色彩高贵大方，图案简洁醒目，体现了贵重华丽的大家风范。

　　巧妙的构思，不同的色彩意味着一盒食品多种口味，纸盒中间用缝纫线做成易开结构方式（见图 5-57），方便开启取用。

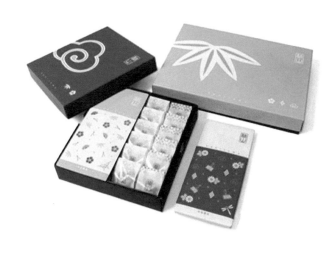

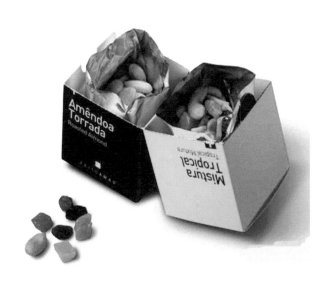

图 5-56　组合盘式纸盒　　　　　　　　　　　　　　　图 5-57　易开结构方式

大气现代的包装（见图5-58），不仅保护酒瓶的安全，而且在色彩上和文字造型上体现爱的深沉，葡萄酒的浪漫从看到它的一刹那间就诞生了。

活泼可爱的动物造型（见图5-59）有趣小巧，不仅能赢得小朋友的喜爱，而且连成年人也会被深深地打动，让人沉浸在森林的童话故事中，大大促进了商品的销售。

一个个小小的纸盒包装，水果的色彩和绿叶娇嫩的造型（见图5-60），像是一个个水果刚刚被摘下来，传达着新鲜的信息，各种味道应有尽有。

巧克力代表了永恒的甜蜜，简单大方的纸盒（见图5-61），丰富的色彩在底色（巧克力原色）上做大面积的装饰，表达一种高贵稳定又恒久的魅力。

图5-58　大气现代的包装

图5-59　动物造型

图5-60　水果造型

图5-61　简单大方的纸盒

项目小结

　　此项目主要通过两个任务来完成对包装结构设计的讲解。在任务四包装结构设计概论中，重点描述了包装结构设计的概念、包装结构设计的基本因素、包装结构存在的问题、包装结构设计的原则、常见的包装设计结构形式，其中在包装结构存在的问题中，扩展了知识，链接了部分与课程有关的知识点，扩展了学生的思路；在任务五纸材包装结构设计与制作中，着重讲解了纸盒包装容器概述、折叠纸盒结构设计。

　　两个任务中的知识紧紧围绕项目展开讲解，在每个任务中都插入了实践训练（课程设计）部分，通过实践训练让学生更好地掌握理论知识，让理论为实践服务，让实践成为理论的先导。通过对本项目的学习，让学生能够很好地掌握包装结构设计。

思考与实训

　　（1）考察市场上几种纸盒包装结构，按照形状、材质和用途进行分类。并总结出几种纸盒包装盒盖的开启方式，对其优点和缺点加以分析。

　　（2）临摹制作通用的纸盒结构 4 个。

　　（3）设计异型折叠式纸盒 2 个，并附使用说明。

　　（4）设计陈列式纸盒结构 2 个，附具体产品展示效果。

项目三
包装容器造型设计 ·················

BAOZHUANG
SHEJI (DI-ER BAN) ◄ ◄ ◄ ◄

◄ ◄ ◄ ◄

任务六

包装容器造型设计
的基本原理

■ 任务概述 ▌

本部分主要对包装容器造型基本知识进行讲解，阐明包装容器的基本概念，容器的分类，部分材料容器的特点，包装容器造型的基本规律和基本原则。

能力目标 ▌

使学生能够独立分辨出容器的不同分类方式，并且能够独立阐述其各自的特点。

知识目标 ▌

使学生掌握容器的概念和不同分类，掌握容器造型的基本原则和容器造型的艺术规律。

素质目标 ▌

使学生具备良好的自我学习能力、语言表达能力和写作能力。

知识导向 ▌

本部分的重点内容为包装容器的概念、分类，包装容器造型的基本原则、基本规律和课程设计。

一、包装容器的概念　　　　　　　　　　　　　ONE

包装造型是包装设计不可缺少的重要组成部分，在人类生活的社会中，容器为人们的生活或工作提供了各种各样的方便。一般而言，容器指的是所有用来包装或装载物品的储存器，如瓶、罐、盒、袋等。它以盛装商品、储存保护商品、美化商品为主要目的。它给人类的生活带来了许多方便，把商品的信息第一时间传达给消费者。它具有物质与精神的双重价值。它是一种与工业现代化紧密结合的、科学技术与艺术形式相统一的、美学与使用目的相联系的实用艺术设计。

二、包装容器的分类　　　　　　　　　　　　　TWO

商品包装装潢离不开包装的容器。包装的造型和结构设计是商品包装的重要组成部分。优秀的包装容器造型设计要符合"科学、美观、适销"的理念。包装的分类方法很多，专业分类有以下几种方法。

1. 从形态上分类

根据形态，包装容器可分为箱、桶、瓶、缸、罐、袋、捆、杯、盘、碗、壶、碟、盒等。

2. 从用途上分类

根据用途，包装容器可分为轻工产品类容器、化妆品类容器、食品类容器、药品类容器、生活日用品类容器等。

3. 从结构上分类

根据结构，包装容器可分为便携式、开窗式、易开式、透明式、悬挂式、堆叠式、组合式等类型。

4. 从材料上分类

根据材料，包装容器可分为软质包装容器和硬质包装容器两类，这一类分类方法对于包装容器造型而言是十分重要的。

1) 软质包装容器

软质包装容器主要以质地柔软且变形性大的材料为主。这类材料主要有纸质材料、软塑材料（塑膜、塑纸、复合膜、吸塑等）、纺织材料、编织材料等，易于制作盒、袋、托盘等包装容器。

（1）纸制包装容器。它是指以纸或纸板为原料，以包装为目的的纸质容器，简称纸容器（见图 6-1）。纸及纸板是制造包装容器的主要材料之一，其用量占包装材料总用量的 40% ~ 50%。

图 6-1　纸材料包装容器造型效果图实例

优点：有一定的强度和弹性，能有效地保护产品；宜于各种方式生产，可用手工，也适于机械化大规模生产，且生产效率高；结构变化多，可以设计出各种不同的形式，如圆形、方形等且能进行盒内衬隔、摇盖延伸、压曲线、开窗等；纸及纸板的折叠性强，容易加工；材料易于吸收油墨和涂料，印刷性能优良；占用空间较小，便于运输和储存；成本低廉；可以回收利用，无环境污染；卫生、无毒，尤利于食品包装；可制成复合材料，如纸张可与塑料薄膜等制成复合包装纸。

缺点：纸容器易吸潮，强度和刚度不够理想，外观及质地显得不够高贵时尚。

（2）塑料包装容器。它是指将塑料原料经成型加工制成（见图 6-2 至图 6-4）。随着塑料工业迅猛发展，塑料包装容器在很多方面已取代用金属、玻璃、陶瓷、木材等材料制作的包装容器。

优点：密度小、质地轻，透明度可根据产品的特性而定；易于加工且可大批量生产；塑料品种多，易于着色且色泽鲜艳，包装效果好；耐腐蚀、耐酸碱、耐油、耐冲击，并有较好的机械强度。

图6-2 塑料材料包装容器造型效果图一

图6-3 塑料材料包装容器造型效果图二

图6-4 塑料材料包装容器造型效果图三

缺点：使用温度受到限制，如高温下易变形；容器表面硬度低，易于磨损或划破；在光氧和热氧作用下，塑料会产生降解，变脆，性能降低等老化现象；导电性能差，易于产生静电；焚烧会产生有害气体，不利于环保。

"超链接"：塑料包装容器的分类与制法。

（1）按所用原料性质分类，主要有聚乙烯、聚丙烯、聚苯乙烯、聚氯乙烯、聚酯、聚碳酸酯等容器。

（2）按容器成型方法分类，主要有吹塑成型、挤出成型、注射成型、拉伸成型、滚塑成型、真空成型等容器。

（3）按造型和用途分类，主要有塑料箱、塑料桶、塑料瓶、塑料袋、塑料软管等。

塑料包装容器一般采用模塑法制得，其形态主要取决于成型的方法及使用的模具。有时相同（或相似）的形态还可以采用不同的方法制得。成型方法不同，往往会对制品的性能、成本带来很大的影响，因此在选择塑料包装容器时，需要对各种成型方法有一定的了解。塑料包装容器的材质，决定着塑料包装容器的基本特性。

2) 硬质包装容器

硬质包装容器主要以玻璃、木材、陶瓷、硬塑、金属等原材料为主，通过模具热成型工艺加工制成瓶、罐、盒、箱等包装。成型后硬度大，不易变形，不渗漏，化学稳定性好，因此被大量应用在食品、医药、化工等液态或膏状或粉状或粒状产品，以及要求较高的防渗漏、防氧化、防潮湿商品的包装容器。

（1）玻璃包装容器。它是将熔融的玻璃料经吹制、模具成型制成的一种透明容器（见图6-5和图6-6）。玻璃包装容器主要应用于包装液体、固体药物及液体饮料类商品。玻璃包装容器通常称为玻璃瓶。

优点：透明性好，易于造型，具有特殊的美化商品的效果；玻璃的保护性能优良，坚硬耐压，具有良好的阻隔性、耐蚀性、耐热性和光学性能；能够用多种方法加工制成各种形状和大小的包装容器；玻璃的原料丰富，价格低廉，并且具有回收再利用的性能。

缺点：易破碎，不容易运输。

"超链接"：玻璃包装容器的分类。

按色泽分为无色透明瓶、有色瓶和不透明的混浊玻璃瓶。

按造型分为圆形瓶和异形瓶。

按瓶口形式分为磨口瓶、普通塞瓶、螺旋盖瓶、凸耳瓶、冠形盖瓶和滚压盖瓶。

按用途分为食品包装瓶、饮料瓶、酒瓶、输液瓶、试剂瓶和化妆品瓶等。

按容积分为小型瓶和大型瓶；

按使用次数分为一次用瓶和复用瓶。

按瓶壁厚度分为厚壁瓶和轻量瓶。

按所盛装的内装物分为罐头瓶、酒瓶、饮料瓶和化妆品瓶等。

按瓶口尺寸分为大口瓶（瓶口内径大于30 mm）和小口瓶（瓶口内径小于30 mm）。

按瓶口瓶盖形式分为普通塞瓶、冠塞瓶、螺纹塞瓶、滚压塞瓶、凸耳塞瓶和防盗塞瓶等。

按瓶罐的结构特征分为普通瓶、长颈瓶、短颈瓶、凸颈瓶、溜肩瓶、端肩瓶和异形瓶等。

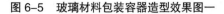

图6-5　玻璃材料包装容器造型效果图一　　　　　　图6-6　玻璃材料包装容器造型效果图二

（2）木质包装容器。它是指以木材为主要原料，进行加工而成的产品包装容器（见图6-7）。它是最古老的包装容器之一，木材在包装方面的用量仅次于纸包装容器。因此，木包装容器在包装容器中占有十分重要的地位。

优点：机械强度大，刚性好，抗机械损伤能力强；弹性好，抗冲击性能强；木材耐腐蚀性强，不生锈，不污染内装物；材料可回收再利用，成本低廉；材料易加工；有一定的耐久性、防潮性和防湿性。

缺点：空箱体积大，运输不便；易吸湿，不能露天放置；生产机械化程度不高；木材资源日渐缺乏。

（3）陶瓷包装容器。陶瓷是陶器和瓷器的总称（见图6-8至图6-11）。它是指以黏土为主要原料与其他天然矿物经过粉碎混炼、成型、煅烧等过程制成的各种制品。包装用陶瓷材料，主要从化学稳定性和机械强度方面来考虑。

优点：陶瓷的化学稳定性与热稳定性均好，能耐各种化学药品的侵蚀，热稳定性比玻璃好，在250℃～300℃时也不开裂，耐温性能优良；艺术特色浓厚，可塑性强。

缺点：制作价格相对偏高，体积笨重。

"超链接"：陶瓷包装容器的分类。

（1）按所有原料不同分类。

① 粗陶器。它坯质粗疏、多孔、表面粗糙、色泽较深、气孔率和吸水率较大，主要用作陶缸。

② 精陶器。它分硬度精陶（长石精陶）和普通精陶（石灰质、镁、熟料质等）。精陶器比粗陶器精细，坯白色，气孔率和吸水率均小于粗陶器。精陶器用作缸、罐和陶瓶。

③ 炻器。它又称半瓷，主要原料是陶土或瓷土。它坯体致密，完全烧

图6-7　木制材料包装容器造型效果图实例

图6-8　陶瓷材料包装容器造型效果图一

图6-9　陶瓷材料包装容器造型效果图二

图6-10　陶瓷材料包装容器造型效果图三

图6-11　陶瓷材料包装容器造型效果图四

结，基本上不吸水。按其质地又分为粗炻器和细炻器两种，主要用作瓷瓶，也有极少数瓷罐。

④瓷器。它的原料主要是颜色纯白的瓷土。它是质地最好的容器，坯均为白色，表面光滑，吸水率低，极薄的瓷器还具有半透明的特性。对液体和气体的阻隔性好，主要用作瓷瓶，也有极少数瓷罐。

（2）按造型进行分类。

①缸器。这是一类大型容器，它上大下小，内外施釉，可用于包装皮蛋、盐蛋等。

②坛类。这类容器容量也较大，有的坛一侧或两侧有耳环，以便于搬运，其外围多套柳条筐、荆条筐等，以起缓冲作用。常用来包装酱油、咸菜等。

③罐类。它的容量较坛类小，有平口与小口之分，内外施釉，常用于包装腐乳、咸菜等。

④瓶类。这是陶瓷容器中用量较大的包装容器，其造型独特，古朴典雅，图案精美，釉彩鲜明，主要用于高级名酒包装。

（4）金属包装容器。它是指用金属薄板制造的薄壁包装容器（见图6-12和图6-13）。它具有较高的强度、刚度、韧性，组织结构致密，具有良好的加工性等。

优点：有极好的阻气性、防潮性、遮光性；外观华丽美观、时尚典雅；工艺较成熟，加工性能好；材料可以循环使用，减少环境污染；耐压强度高，不易破损；耐高温、耐虫害、耐有害物质侵蚀。

缺点：成本较高，材料处理不好易生锈。

图6-12　金属材料包装容器造型效果图一

图6-13　金属材料包装容器造型效果图二

三、包装容器造型的基本原则　　　　　　　　　　THREE

1. 功能性原则

包装的功能决定形式，功能第一性，是容器设计的最基本的要求。容器造型实际上是包装功能的载体之一，实现包装的功能是设计的主要目的，人们在购买物品时，实际上是购买的附着在商品之上的功能，包装容器的功能在日常生活中起到了很大的作用。现代容器设计的目的是既要适应社会的实用性，又要满足人类社会对美的需要，容器设计虽不直接反映明确的思想内容，但可以以容器造型的多样性，反映出美的特征和健康的情调。

2. 经济性原则

注意容器设计与成本的关系，使设计的容器与销售价格相匹配。在设计过程中，对容器的设计要有准确的定位，充分考虑再生产、磨损等方面的经济问题，确保"质优价廉"，在包装用料上要适度，杜绝过度浪费。

3. 美观性原则

在包装功能得以体现的基础上，在经济允许的情况下，将加工工艺的美感与材料的质感充分融于容器的造型本身，体现艺术美，给人一种赏心悦目的感觉。

4. 创新性原则

设计就要独一无二，这就要求设计是在了解产品特点、包装材料属性的前提下，设计出风格独特、功能便利、造型新颖的容器造型，不断的研究新工艺，为社会创造更多的价值，设计出更多令人称赞的艺术品。

四、包装容器造型的基本规律　　　　　FOUR

1. 变化与统一

变化与统一是形式美的总法则，变化与统一是普遍的规律。它在各种艺术设计和创作中得到了充分的应用。变化是一种智慧、想象的表现，是强调种种因素中的差异性方面，造成视觉上的活跃性，在容器设计中变化是指造型各部位的多样化；统一是强调物质和形式中各种因素的一致性方面，在容器设计中统一是指造型的整体感。只有变化没有统一的设计给人一种杂乱的感觉；只有统一无变化的设计给人一种呆板、无生气的感觉。在包装设计中，对比与统一的形式多种多样，可以划分为形式与内容的统一、对比与调和的统一、整体与局部的统一、历史性与时代性的统一、民族性与世界性的统一等。

2. 节奏与韵律

节奏与韵律来源于音乐的概念，节奏是按照一定的条理、秩序、重复连续的排列，形成一种律动的形式。在节奏中注入美的因素和情感，就会产生韵律。众所周知，在艺术领域里，绘画和雕塑中具有节奏和韵律，同样，节奏和韵律的美感因素也会在容器设计中得到充分的体现。在包装容器造型中，节奏是指有条理、有组织地重复同一因素，如点、线、面、体、色彩等因素在造型中的有秩序或重复性的运用；韵律则是指在节奏的基础上，附加的轻、重、缓、急的音符，是通过视觉来感知的。容器造型的节奏和韵律是通过对所有形态的排列组合来获取的。

3. 比例与尺度

比例与尺度是决定容器大小尺寸与重量轻重的元素，比例是形的整体与部分，以及部分与部分之间数量的一种比率。它也是一种用几何语言和数学词汇来表现现代生活和科学技术的抽象艺术形式。尺度则是指人们的生理和使用方式所形成的合理的尺寸范围。在包装的容器造型设计中，无论从实用功能的角度还是从审美角度来谈造型，都离不开比例与尺度。

1）材料工艺的比例要求

材料和加工工艺是实现设计意图的关键。抛开比例谈材料与加工工艺设计是绝对不行的。背离了比例，容器制作出来就会不合适，就会出现"张冠李戴"的情况。拿陶瓷来说，它在高温烧制的熔融阶段中，如果不确定合适的造型比例，最后的容器造型就会出现变形现象。

2）容器的尺度关系

容器的尺度和人们长期以来使用习惯所形成的大小概念有直接关系。就一般的百事可乐饮料（小）瓶来说，为了单手使用的方便，瓶子的直径或厚度不能大于手的拇指与中指展开的距离。与其相反，大容量的百事饮料瓶不同于一般的饮料瓶尺度，由于容量较大，使用的方式为右手托住底部凹进处，左手托住瓶身。

五、课程设计　　　　　　　　　　　　　　　　　　　　　　　FIVE

　　课题：根据包装容器的不同分类形式，以小组为单位进行实践调查，总结出现今商品包装中的优秀容器造型，并进行案例分析，写出实践调查报告。

　　(1) 训练目的：通过实践调查，使学生能够联系课堂理论知识并加深其记忆力，锻炼学生良好的团队协作能力和团队合作精神。

　　(2) 工作要求：图片制作分辨率 300 pdi 以上，CMYK 模式，在案例分析中必须运用到包装容器的基本规律知识，调查报告 2 500 字以上。

　　(3) 知识链接：包装容器的分类、包装容器造型的基本原则、包装容器造型的基本规律。

　　(4) 考核方案：实行小组制，满分 100 分。其中小组各成员工作积极性占 20%，案例分析 40%，实践调查报告占 30%，教师评价占 10%。

　　(5) 案例分析如下。

　　如图 6-14 所示是一款液体产品的包装设计，采用以纸材为主要包装原料，包装结构设计精密，给人一种密封性强的感觉，在包装的色彩和文字的设计上也非常到位，包装的比例尺度设计合理。

　　如图 6-15 所示是一款日本酒的包装设计，以玻璃材料为容器的设计用材，在瓶颈处用深色包装纸加以包装，用颜色鲜亮的细绳做点缀，使得整个容器显得不再呆板，另外，产品的外包装在图案和色彩上与容器的包装色彩

　　　　图 6-14　液体产品包装设计　　　　　　　　　　　　　图 6-15　日本酒包装设计

遥相呼应，使得整个产品的包装给人一种温馨的感觉。

如图 6-16 所示图例和图 6-14 是同一种产品的不同包装设计，同样，这个包装给人的第一感觉也是有一种密封的感觉，与图 6-14 不同之处是这款设计以塑料为主要设计材料，可见设计者的独具匠心之处。

包装的首要作用是为产品服务，图 6-17 所示的包装设计与图 6-14 和图 6-16 是对同一产品进行的不同样式的包装设计，这款设计的点睛之处在于它设计了一个旋转瓶盖，方便消费者饮用、携带此产品，同时，这款包装设计也会使产品的价格提升一倍。

如图 6-18 所示是一款法国酒的包装设计，容器给人的第一眼感觉好似法国的艾菲尔铁塔，在包装的色彩和造型上，深深地体现出了国家的特点。

如图 6-19 所示是一款普通啤酒的包装设计，与其他同类产品的不同之处在于它在容器中设计了不同的图案，容器造型、产品的色彩、图案三者设计格调相一致，就连瓶盖内部也加入了小小的图案和文字设计，使得产品不仅仅体现出酒香的感觉，给人深深的回味。

图 6-16　密封的包装设计

图 6-17　旋转瓶盖包装设计

图 6-18　法国酒的包装设计

　　如图 6-20 所示是一款果汁奶品的包装设计，容器外形给人以很好的"手感"，围绕着人体工学进行了设计，配之色彩和字体的设计，使得这个产品别有一番风味。

　　如图 6-21 所示的酒的包装设计别有一番感觉，容器采用四面直边形设计，瓶颈内缩，产品色彩和包装色彩产生了明显的对比，给人一种陶醉的感觉，深深吸引着消费者的目光。

图 6-19　普通啤酒的包装设计

图 6-20　果汁奶品的包装设计

图 6-21　酒的包装设计

包装容器造型的
制作工艺

任务概述

本部分主要对包装容器造型的制作工艺进行讲解，阐述了容器制作的一般步骤，列举了容器造型的处理方法，分析了容器造型的制图工艺。

能力目标

使学生能够具有独立设计产品容器造型的能力，根据产品的比例和尺寸能够正确画出产品容器的各种图例。

知识目标

使学生掌握容器制作的一般步骤，掌握处理容器造型的几种基本方法。

素质目标

使学生具备独立学习的能力，具备分析问题和解决问题的能力。

知识导向

本部分包括包装容器制作的一般步骤，容器造型的工艺制图，容器造型的几种常见处理方法和课程设计等方面的内容。

一、包装容器制作的一般步骤　　　　　　　　　　ONE

（1）设计准备阶段。就有关造型的信息等方面进行针对性的调查和资料收集，比如了解客户对包装设计风格与特质的要求与期望、了解不同品牌同类产品的包装现状，收集相关的参考资料，对汇总调查的资料进行分析，并选定主要构思方案。

（2）制订草案。根据构思对包装的结构形态及制作工艺和构成手法等进行多方面和多角度的尝试；设计多个方案，研究比较，选择最佳，根据构想，在草纸上绘制外观造型草图。

（3）修正草案。修正稿的目的在于突出重点，设计师对设计印象表现及其表达方式、印刷方式、材质运用等均已有明确的了解。推出设计的文字方案，材料工艺的选用，容量的计算。

（4）制作出容器样品。绘制工艺制作图和产品效果图，制作出容器的石膏模型等。

（5）根据容器样品进一步分析图纸、修改图纸，直至完善。

（6）根据最终图纸，投入生产，制出成品。

二、容器造型的工艺制图　　　　　　　　　　　　　　　TWO

容器造型的制图是先根据制图的统一要求，绘出造型的具体形态，然后将比例与尺寸标注出来，作为造型生产制作的依据。

1. 三视图的概念

三视图是观测者从三个不同位置观察同一个空间几何体而画出的图形。三视图就是正视图、俯视图、侧视图的总称。一个视图只能反映物体的一个方位的形状，不能完整反映物体的结构形状。三视图是从三个不同方向对同一个物体进行投射的结果。在制图中对三视图的安排一般为：正视图放在图纸的主要部位，俯视图放在正视图的上面，侧视图安排在正视图的一侧。

反映物体的前面形状——从物体的前面向后面投射所得的视图——正视图。

反映物体的上（下）面形状——从物体的上（下）面向下（上）面投射所得的视图——俯（昂）视图。

反映物体的左（右）面形状——从物体的左（右）面向右（左）面投射所得的视图——左（右）视图。

画图时，尽量选用 1：1 的比例。这样便于直接估量容器实物的大小。按选定的比例，根据长、宽、高预测出容器三个视图所占的面积，并在视图之间留出标注尺寸的位置和适当的间距，据此选用合适的标准图幅。底稿画完后，按形体逐个仔细检查，按标准图线描深，可见部分用粗实线画出，不可见部分用虚线画出。

2. 线型的运用

为了使图纸规范、清晰、易看易懂，轮廓结构分明，必须使用不同规范的线型来表示。

1）粗实线

用来画造型的可见轮廓线，包括剖面的轮廓线。宽度为 0.4～1.4 mm。

2）细实线

用来画造型明确的转折线，尺寸线，尺寸界线，引出线和剖面线。宽度为粗实线的 1／4 或更细。

3）虚线

用来画造型看不见的轮廓线，属于被遮挡但需要表现部分的轮廓线。宽度为粗实线的 1／2 或更细。

4）点画线

用来画造型的中心线或轴线。宽度为粗实线的 1／4 或更细。

5）波浪线

用来画造型的局部剖视部分的分界线。宽度为粗实线的 1／2 或更细。

3. 剖面图画法

常说的剖面图，包括表示空间关系的大剖面图和表示具体构造的局部削面图。为了更清楚地表现出造型结构及器壁的厚度，必须将造型以中轴线为准，把造型的四分之一整齐的剖开去掉，露出剖面。剖切位置应选在最为有效的部位，既能充分反映容器的内部造型，又能看到容器的外部特征，能把容器最复杂、最精彩、最有代表性的部分表示出来。剖面要用规范的剖面线表示，以便与未剖开部分区别。

规范的剖面线有三种：用斜线表示、用圆点表示、用完全涂黑的方法表示。

4. 尺寸的标注

准确详细地把造型各部位的尺寸标注出来，以便识图与制作使用。根据要求标注尺寸的线都使用细实线。尺寸线两端与尺寸界线的交接处要用箭头表出，以示尺寸范围。尺寸界线要超出尺寸线的箭头处 2～3 mm，尺寸标注线，距离轮廓线要大于 5 mm。

尺寸数字写在尺寸线的中间断开处，标注尺寸的方法要求统一。垂直方向的尺寸数字应从下向上写；圆形的造型，直径数字前标直径符号 R，半径数字前标半径符号 r。国标规定，图样上标注的尺寸，除标高及总平面图以 m 为单位外，其余一律以 mm 为单位，图上尺寸数字都不再注写单位。图样上的尺寸，应以所注尺寸数字为准，不得从图上直接量取。字母"M"在图中代表比例，在"M"之后第一个数字代表图形的大小，第二数字代表实际造型的大小，如 1∶5，表示所画造型的大小是实物的五分之一。

5. 工具

绘图中需要的工具主要有绘图板、铅笔（HB、B、2H、4H）、橡皮、直线笔、绘图笔或针管笔、圆规（四件套）、三角板、丁字尺、曲线板或蛇尺、绘图纸等材料。具体要根据容器造型的需要而定。

6. 效果图

效果图就是将一个还没有实现的构想，通过笔、电脑等工具将它的体积、色彩、结构提前展示出来，以便更好地认识这个物体。制作效果图的目的是完整、清楚的将设计意图表现出来。它注重表现不同材料质感及材料在设计中运用的效果。绘图方法有手绘法、喷绘法、电脑制图等。效果图底色以简单、明了为宜，不可杂乱或喧宾夺主。

三、容器造型的几种常见处理方法　　　　　THREE

世界上万事万物的形态都是由几何形态演变而来的。它被确定为造型的基本型。这些几何形态包括立方体、球体、圆柱体、锥体等几种原型，不同的形态带给人不同的感受，如立方体给人厚实、端庄的感觉，锥体给人稳定、灵巧、挺拔的感觉。

1. 切割法

切割法是对确定好的基本几何形态进行平面、曲面、平曲结合切割，从而获得不同形态的造型的方法（见图 7–1 至图 7–4）。切割的切点、大小、角度、深度、数量的不同，使其造型也会有很大的区别，要多次试验，以取得最佳效果。

图 7–1　切割法图例一

图 7–2　切割法图例二

2. 组合法

组合法指基本形体的相加，是两个或两个以上的基本形体，根据造型的形式美法则，使之组合成一个新的整体造型的方法（见图7-5）。设计时要注意组合的整体协调，组合的基本图形种类不宜过杂、过多，否则会使造型显得没有主次。

图7-3　切割法图例三

图7-4　切割法图例四

图7-5　组合法图例

3. 透空法

透空法是对基本型进行穿透式的切割，使整体形态中出现"洞"或"孔"的空间（见图7-6至图7-8），获得一种不对称的形式美感的方法。这种设计多用于大容量、大体积的包装，以实用原则为主，审美原则为辅，打破基本型内部的整体分布，但形体的外轮廓依然给人以线条流畅、简洁明快的统一感觉。

4. 饰线法

饰线法是对造型形体表层施加一些线条，使之产生丰富多变的视觉形态的方法（见图7-9和图7-10）。设计时可以根据实用性和审美性原则，对线的粗细、长短、曲直、疏密、凹凸、数量等加以选择，使之在美化包装形态的同时，又能产生新的肌理和不同的质感。

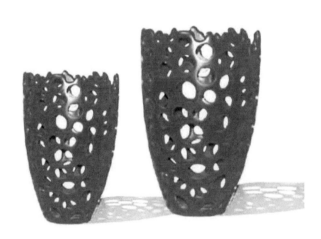

图7-6 透空法图例一

图7-7 透空法图例二

图7-8 透空法图例三

5. 装饰法

装饰法是对造型形体表层附加一些装饰性的图形，渲染整个形体的艺术气氛的方法（见图 7-11 和图 7-12）。装饰图形可以具象，也可以抽象；可以传统，也可以现代。一般采用凹饰、凸饰或凹凸兼饰的手法，有时施以不同的肌理效果，赋予容器造型神秘和浪漫的色彩。

图 7-9　饰线法图例一

图 7-10　饰线法图例二

图 7-11　装饰法图例一

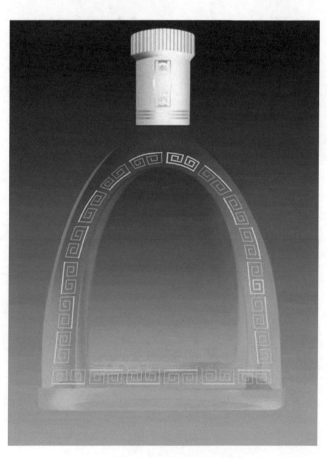

图 7-12　装饰法图例二

6. 模拟法

模拟法是以自然界中自然形态或人工形态为设计依据（见图7-13），进行模仿创作，以得到生动有趣的造型的方法。模拟不等于是原版再抄，而应在原来形态的基础上加以概括、提炼，进行艺术性的意象处理，增加造型的感染力。

7. 特异法

特异法是有别于一般常规性的造型处理方法，是对基本型施以弯曲、扭转等非均衡化变形的方法（见图7-14和图7-15）。这种形态变化幅度较大，和普通的基本型反差较强，其夸张的造型符合追求时尚、个性、另类的现代群体需求。设计时要考虑其加工技术和成本价格的参数。

图7-13　模拟法图例

图7-14　特异法图例一

图7-15　特异法图例二

8. 附加法

附加法是指在容器造型本体之外再附加其他的装饰物件的方法（见图7-16和图7-17），起到画龙点睛的作用，使造型更加丰富多彩。装饰物件包括：印刷的小吊铺、绳结、丝带、金属链等，附件是为主体服务，选择时要深思熟虑，材料、形状、大小等均要与主体形态达到协调统一。

图7-16　附加法图例一

图7-17　附加法图例二

─────────────────────────────

四、课程设计　　　　　　　　　　　　　　　　　　　　　FOUR

课题：根据包装容器设计的制图原理，进行女士化妆品容器造型设计训练。

（1）训练目的：通过实践训练，锻炼学生的动手能力，使其手脑结合并用，使理论知识彻底的在实践中得到消化和利用。

（2）工作要求：图片制作分辨率300 pdi以上，CMYK模式，表现手法不限。

（3）知识链接：包装容器造型工艺制图原理、容器造型的处理方法、容器造型的步骤。

（4）考核方案：以个人为单位来进行设计，满分100分。其中容器造型设计占50%，容器处理方式方法的合理性占20%，学生实践积极性占15%，教师评价占15%。

（5）案例分析如下。

如图7-18所示是一款女士防晒系列护肤品的包装设计，容器的外观基本一致，根据产品容量的多少和产品的不同功效，对瓶身进行了不同的粗细设计和色彩设计，产品整体系列感比较强烈，容器造型设计比较整体统一。

　　如图 7-19 所示是一款类似于香水的产品包装设计，设计点睛之处在于它的瓶颈，采用了阶梯状的喷按式设计，使得产品外形不仅美观，而且方便实用。

　　如图 7-20 所示，系列化妆品容器造型设计比较统一，不同特点的产品采用了不同类型的容器包装，加之外部色彩的装点，使得产品有一种高贵典雅的感觉，体现了产品的档次。

　　如图 7-21 所示，系列化妆品容器造型差别比较大，但是相同的瓶身、色彩和字体，使得它仍然保留住了系列类的特色，瓶盖的不同设计，使得产品的不同功效得以诠释。此款设计简单大方，适合大部分人的消费需求。

图 7-18　系列护肤品的包装设计

图 7-19　产品包装设计

图 7-20　系列化妆品容器造型设计一

图 7-21　系列化妆品容器造型设计二

　　如图 7-22 所示，产品的设计巧妙之处在于它的瓶口，翻盖式的设计使得产品与众不同，给人一种思考的空间，加之产品的色彩，给人一种浪漫、诱惑的感觉。

　　如图 7-23 所示，系列化妆品给人的第一感觉有一种古典美的感受，这源于产品瓶盖的设计，不仅是它的造型，而且色彩也在其中起到了十分重要的作用，让人产生一种这款产品采用了祖传秘方的感觉，感觉与其他产品产生了不同的功效。

　　如图 7-24 所示是一款韩国化妆品的容器造型设计，虽在容器的造型上没有十分新颖的设计之处，但是配之周围的色彩和图案，深深地体现出了产品的加工材料和产品的功效，同样给女性一种购买的诱惑力。

　　如图 7-25 所示，产品的容器造型设计比较新颖，配之周围的物件，显得产品的档次比较高昂，根据产品的容量，应该不适用于大面积涂抹的化妆品。

图 7-22　产品设计　　　　　　　　　　　　　　　图 7-23　系列化妆品包装设计

图 7-24　韩国化妆品的容器造型设计　　　　　　　图 7-25　产品容器造型设计

项目小结

　　此项目主要通过两个任务来完成了对包装容器造型设计的讲解。在任务六包装容器造型设计的基本原理中，重点描述了包装容器的基本概念、容器的基本分类、包装容器造型的基本原则、包装容器造型的基本规律，其中在容器的分类中，扩展了知识，链接了部分与课程有关的知识点，扩展了学生的思路；在任务七包装容器造型的制作工艺中，着重讲解了包装容器设计的一般步骤、容器造型的工艺制图、容器造型的几种处理方法。

　　两个任务中的理论知识紧紧围绕项目展开论述，在每个任务中都插入了实践训练（课程设计）部分，通过实践训练让学生更好地掌握理论知识，让理论为实践服务，让实践成为理论的先导。通过对本项目的学习，让学生能够独立设计各种包装容器的造型，具有较强的动手能力和团队合作精神。

思考与实训

　　(1) 考察市场上各种包装容器，按照形态、材质和用途进行分类。

　　(2) 在市场调研中总结出各种容器瓶盖的开启方式，并对其优点和缺点加以分析。

[1] 陈希. 包装设计 [M]. 北京：高等教育出版社，2008.

[2] 郑娟. 包装设计 [M]. 成都：西南交通大学出版社，2007.

[3] 李勤. 包装设计 [M]. 武汉：湖北美术出版社，2007.

[4] 易忠. 包装设计理论与实务 [M]. 合肥：合肥工业大学出版社，2004.

[5] 杨仁敏. 包装设计 [M]. 成都：西南交通大学出版社，2003.

[6] 孙诚. 纸包装结构设计 [M]. 北京：中国轻工业出版社，2006.

[7] 孙诚. 包装结构设计 [M]. 北京：中国轻工业出版社，2008.

[8] 骆光林. 包装材料学 [M]. 北京：印刷工业出版社，2005.

[9] 潘松年. 包装工艺学 [M]. 北京：印刷工业出版社，2007.

[10] 周晓凤. 包装范例 [M]. 上海：上海书店出版社，2004.

[11] 杨敏. 包装设计教程 [M]. 重庆：西南师范大学出版社，2006.

[12] 沈卓娅. 包装设计 [M]. 北京：中国轻工业出版社，2008.

[13] 朱和平. 现代包装设计理论及应用研究 [M]. 北京：人民出版社，2008.

[14] 曾沁岚，沈卓娅. 包装设计实训 [M]. 上海：东方出版中心，2008.

[15] 王同兴，杜力天. 包装设计与实训 [M]. 石家庄：河北美术出版社，2008.